Rich致富61

日本重建之神

高塚猛
我把赤字變盈餘了
讓企業反敗爲勝的五大心法

Takeshi Koutsuka◎著
鍾雨欣◎譯

高富國際文化股份有限公司
高寶國際集團

Rich致富館61

我把赤字變盈餘了

NARABA WATASHI GA KUROJI NI SHIYOU

作　　者：Takeshi Koutsuka
譯　　者：鍾雨欣
編　　輯：陳春賢
出 版 者：英屬維京群島商高寶國際有限公司台灣分公司
Global Group Holdings,Ltd.
地　　址：台北市內湖區新明路174巷15號10樓
網　　址：www.sitak.com.tw
E- mail：readers@sitak.com.tw（讀者服務部）
pr@sitak.com.tw（公關諮詢部）
電　　話：(02)27911197 27918621
電　　傳：出版部 (02)27955824　行銷部 27955825
郵政劃撥：19394552
戶　　名：英屬維京群島商高寶國際有限公司台灣分公司
發　　行：希代書版集團發行/Printed in Taiwan
出版日期：2004年10月

Printed in Taiwan
ISBN:986-7799-95-X

這是一本企業再造的魔法書！

日本企業重建之神「高塚猛」，

就是創造魔法的魔術師！

不只是讓企業轉虧為盈，

還要讓企業改頭換面、延續高峰，

但卻是在「維持現狀」的前提下產出這樣的動能。

怎麼可能！當然，就是可能……

CONTENT

CONTENT

第四章 一個不同發想就可能救了公司

CONTENT

堅持現狀不變，打造真正變革！

要把企業的赤字變盈餘，儘管是人稱「平成時代再造舵手」的我，也覺得不是件容易的事。不過，這並非意味著一定得妥協，整頓過無數企業的過程中，我仍然有自己絕對不妥協的堅持。

這份堅持就是在現狀不變下，讓企業「再生」。

我認為，唯有如此，才是真正的「轉虧為盈」。

變賣資產來還負債的方式，不能算是真正的轉虧為盈。例如，二〇〇一年二月，適用於企業更生法的宮崎海洋巨蛋，這個大型遊樂場讓它的企業集團負債總額高達約三千三百億日圓！如果變賣資產來分批攤還利息或應付帳款的話，帳面上可能可以轉為零負債，但總資產卻大幅縮水。這樣的轉虧為盈，只是將資產移來移去，製造數字魔術的假象而已。

常常有人誤會我是「預算的劊子手」，其實不是這樣的。

如果大量裁員或是乾脆賣掉工廠，確實可以降低不少公司虧損，營業狀況也看似得以改善。但是，工廠關閉後的經濟危機，或是失業勞工的安身無處，等於產生了許多新的社會問題！

對社會整體而言，這層陰影揮之不去。一將功成萬骨枯，這樣的轉虧為盈是萬萬不可行的。真正的企業「改革」，應該是要讓員工深刻感受到「這間公司確實不一樣了」，而這也才真正算是「赤字變盈餘」吧。

另外，還有那種只知道賺錢的經營者，跟我也是道不同不相為謀，我認為這不是好的經營者。雖然對於經營本身來說，有沒有獲利是很重要的事，但如果獲利是來自政府資金挹注的話，根本沒有任何意義。

所謂利益，可說是經營企業的信念，絕非不當取得的利益，或是中飽私囊的利益。利益是為了「讓企業生存下去」的手段，也是為了「回饋社會」才存在的；為此，我想大聲疾呼，增加公司的利益，是經營者的使命！

秉持著這樣的信念，過去二十六年來，就算是處於虧損的狀態，我從來沒有哪一年停止錄取新人的腳步。公司錄取新人，其實是要讓公司營運下去的重要投資；而對應屆畢業生來說，就業也是唯一的一條路，如果不給他們挑戰的機會，我認為那家企業應該要覺得可恥。此外，我從不減薪，甚至還加薪或是提供獎金給臨時的約雇人員。像這樣的獎勵制度，與其他企業的作法完全相反；然而，就是靠著這樣的方法，我讓公司轉虧為盈了。這就是我所說的，在現狀不變下，讓企業「再生」。

日本總資產不斷下滑，話雖如此，有些特定的既得利益者也是事實。日本繼續這樣下去，到底是不是一件好事？

我還是覺得，應該不要裁員、也不需要賣掉資產，同時繼續付銀行利息。我想，用這樣的方式，才能真正的「改造企業」，不僅讓公司生存下去，也對這個社會有貢獻——我認為這是我的使命。希望閱讀這本書的人，能因此看到日本企業的「一線曙光」，即使是一點點也好，對我而言，都是非常值得開心的事。

〈關於作者〉

高塚猛（Kotsuka Takeshi）的神奇事蹟

一九四七年 在東京出生

高中畢業 以打工身分進入 Recruit 公司

二十二歲 當上福岡營業部長

二十五歲 開辦就職情報雜誌

二十七歲 成為月刊住宅情報事業的負責人

二十九歲 到「不可能有轉機」的盛岡花園飯店（Grand Hotel）擔任總支配人，一年就轉虧為盈；並在七年內，讓營業額從三億五千日圓，成長到二十一億九千萬日圓

接管 **ST** 汽車駕訓班，兩年後入學人數倍增，變成該縣市第一的汽車駕訓班

一九九九年 在大榮集團中內功邀約下，到福岡參與虧損嚴重的福岡巨蛋、**Sea Hawk** 飯店與度假村，以及職業棒球隊大榮鷹經營

短短一年半，七十八億累積虧損減縮成三億日圓；另外，營業損益也從四十二億虧損變成三十三億盈餘

到福岡巨蛋看球賽的人潮也在巨人之後，創新太平洋聯盟紀錄，突破三百一十萬人次

現任 大鷹城集團社長

兼任 茶道表千家同門會岩手縣支部長等職位。

記錄高塚猛相關事蹟書籍 《文獻飯店再造》、《公司再造》

第一章 員工充滿動力的領袖特質

領導者要讓員工有動力，才能創造企業的動能。

1

不能只「心動」不「行動」

想改變組織，領導者必須先抱著「我想這樣做」的夢想。與其說是夢想，不如說是一種「直覺」的感受；只要不停將夢想與「直覺」重複掛在嘴邊，不知不覺中，組織就會朝著理想邁進。像這樣的想法，我稱之為「接收未來的禮物」。如果只是將「事實」攤開來看，說得再多也無法改變組織與未來。

所謂的真實有兩種，一種是「事實」的真實，還有「直覺」的真實。許多人把「現實」當作真正的真實，這是錯誤的。

「事實」只是真實的一部分而已。這部分的真實或許充滿正確性，卻還是不夠好，因為它容易使「真實」被「過去」拖住，進而裹足不前。一旦被過去的想法、過去的流程、過去的資料、過去的規定或規則束縛著，就無法「接收未來的禮物」了。

反觀所謂「直覺」的真實，包含一些隨性或是幻夢的部分，或許缺少一點正確性，但是可以用感覺體會，從心裡真正感受「直覺」的真實。也可以說，這是我自己歸納出來的一種新想法。

這個新想法就是用「直覺」導引出真實來，真實反過來再創造出一個新的「事實」——這就是我在經營方面努力的方向。從夢想、目標以及浪漫的「直覺」開始，然後加上具體的數字，實現了那個數字，就是所謂的經營。

我們覺得「太陽升起」是理所當然的事情，但不能稱之為「事實」。事實是因為地球轉動，所以才讓人覺得太陽升起了。儘管如此，沒有人會這麼指責說「太陽升起」的人：「你胡說八道，因為地球會轉，太陽才會升起。」我們為什麼不會覺得「太陽升起」是不對的？因為我們釋放我們絕佳的感性去感覺到了，那是很真實的事情。

一個領導者，最重要的是將「直覺」當作真實傳達給部屬，這樣才有辦法踏出未來的第一步。

不說「沒辦法」，要說「沒什麼」

不管經營什麼樣的事業，對我來說，都是一樣的。球團的經營也好，飯店的經營、駕訓班的經營都好；而不管在盛岡、東京還是福岡工作，也都沒有差別。這些工作的基本概念都是一樣的，就是訂立明確的目標，網羅志同道合的夥伴；這些有共同目標的人，合力變成一顆向前滾動的球——這才是最重要的事情。如果這樣的想法很明確，員工就不會無所適從。

現實生活中，有太多人總想努力尋找與其他部門，或是與其他員工、其他公司的不同點，只為了說出「反正就是沒辦法」、「就是很難嘛」之類的喪氣話。其實不能這樣，應該要不停地說，「都是一樣的啊」、「很簡單啦」，工作夥伴就會有同感並受到影響。至於如何找到方法，就是經營者或是領導者的責任了。

我跟員工都是這樣說的。

「雖然我當了很久的飯店管理人，不過沒有作過料理，但是我會試著了解廚師們的心情。」「我沒有親自開過一張傳票，但我總是試著了解會計的心情。」……大家的心情都是一樣的——我總是不停地傳達這樣的觀念。

當然不能光只是說，重要的是要不時將這樣的心情用態度表現出來。經營者無法自己作所有的工作，幾乎所有的工作都是請員工執行，所以經營者要常常心存感謝。

不光是經營者，所有管理階層，都應該常保感謝的心情。領導者如果能有感謝的心情，就會很自然地去創造讓員工更舒服的工作環境，如此一來，誰都會很自然地、開心地工作，動能也能充分發揮。

先建立目標，再思考執行人選

當福岡的職棒大榮鷹隊開始獲勝時，就有許多人覺得「是我讓棒球隊獲勝的」。這也許是一種直覺、也是一種事實，更可以說是一種真實。

現在，只要是大榮鷹的選手在接受訪問時，都會很自然的對球迷說：「託大家的福，我才能打出這樣的球。」「因為有大家的鼓勵跟聲援，我才能投出這樣的好球，請繼續支持大榮鷹。」最早選手是不會像這樣跟球迷問候的，以前都是我去拜託手握麥克風的運動主播，請他們跟選手說：「請跟球迷打聲招呼。」現在的運動主播倒是會很自然地請選手這樣做了。

為球隊帶來勝利的打者，如果他覺得是自己的功勞，而不是因為託球迷福的話，就會在接受訪問時說出真心話，他會說一些類似「今天的投手滑球投得不夠好，所以才會被當作目標來打」等的技術批評。這種說法也沒有錯，畢竟看棒球的球迷一定會喜歡球員傳遞一些技術面的訊息；說出這些話，應該也會讓喜歡棒球的人很開心才是。

只是對於來球場的人，與其給他們技術面的知識，倒不如給他們感動。「託大家的福我才能打擊得好」這樣一句話，一定可以讓球場的氣氛沸騰。但是，如果任憑球員發揮的話，他們一定不會這樣說。

因此，開始的作法非常重要，如果一開始就只是傳達技術面的事情，球團的風格被認定之後，大家就會覺得理所當然——但我覺得應該要「改變」。

話雖如此，球團的社長以業務命令的方式告知大家需要改變時，幾乎所有的選手都是聽不進去的。就像學校一樣，有少數的聽話學生，往往被身邊其他人影響；何況選手們都真的認為「是靠自己的實力在打球的。」他們真正的想法是，不想被不懂棒球的社長指揮他們該怎麼做。

先理解這樣的狀況後再作改變，不光只是要求選手講個一次、兩次，而是要他們一直繼續這樣講下去。最好是要他們盡快養成一開口就是「託大家福」的說話習慣。

我在多位選手當中，選定一個可以依照我想法「執行」的人出來。如果不這樣做，所有的想法都只是紙上談兵。在大榮鷹中有幾個很認真的球員，可以執行我的想法，其中最具代表的就是松中信彥選手。他真的是一個非常認真的好選手，因為他的一句話，大榮鷹在太平洋聯盟的賽程中，創下三百一十萬人球迷到場觀賞的紀錄。

不等社長下令就自動自發的意識

為了讓松中選手講出「託大家的福」這句話，我曾在彷彿不經意中跟他這樣說：「松中先生，我有個請求。有這麼多的球迷來捧場，是不是可以從松中先生開始，對球迷說一句『都是託大家的福才能打完這場球』，我想這樣球迷一定會很開心。一次就好了，可以試著這樣說說看嗎？」

由於我們是面對面談這件事情，松中選手可能覺得「實在沒辦法拒絕」。雖然我講「一次就好」，但是我真正的想法是「希望你們每次都這樣說」。但如果我這麼說出口，對方就會覺得「很無奈」，還會覺得加重他的負擔。

接下來我便開始想，如何讓他們持續這樣說下去。

首先，必須先找出誰是松中選手「對談的對象」？當然是來球場看球賽的球迷。如此一來，在松中選手講那句話時，現場就必須製造出球迷容易接受的氣氛。

於是我向曾擔任「本地球團大榮鷹後援聯合會」會長今口恆夫求助。

我跟他說：「之前我與松中選手聊過，他說：『最近後援會好像很努力，所以感覺上很多球迷加入後援會的樣子。』」

實際上，松中選手當然沒有這樣說，但我可以想像他應該是這樣想的。所以我就憑「感覺」這兩個字表達了這樣的意見。也許這是一種「直覺」，但也可能是「事實」。

然後我又說：「松中選手表示：『他覺得好像是託球迷的福，才能打得好。』也許他在接受訪問時會說『託大家的福才能打得好』這句話。到時候，我可以拜託你製造比平常多三倍『哇——』的讚美聲嗎？」

我想，這樣說好應該比較保險吧。

果然，松中選手如同預期說了「都是託了大家的福，才能打得好」這句話，歡呼的聲浪也比平常多了三倍，幾乎是可以撼動巨蛋的程度。一個角落開始拍手之後，另一邊也不甘示弱地跟著拍手，就這麼比平常多了三、五倍的相乘效應。

訪問結束後，松中選手的表情，跟平常完全不一樣，顯得非常紅潤。這個時候，如果他能夠認為「球團的社長真厲害，我照他的話做之後，大家都很感動，今後我們都要聽球團社長的話」，當然是最好的，但他不可能這樣想，他一定會忘記當初是我拜託他這麼說的。

我想，松中選手應該是這樣想：「我是英雄，我說的真好，而且大家也都非常的開心。」然後，他一定會想：「我要繼續這樣說。」

他一定會有這樣的想法：我不是因為被社長交代才這樣說的，是我自己想這樣說的。讓他持續這樣說下去，這個想法是非常重要的關鍵。

棒球選手都是不服輸的，馬上會有「不能只讓松中選手這樣得意……」的想法，其他球員就會跟進：「那我也要。」例如城島選手就說：「我休假之後頭一次知道，大榮鷹是日本職棒球迷最多的球團，託大家的福才能有機會打球。」這個就不是直覺而是事實了。事實才能帶給人們感動，球迷也會坦率的回應。

如果沒有「事實」的話，只要透過「直覺」製造事實，就可以讓「事實」持續下去。我經由這樣的途徑改變團隊、公司，並創造新的時代。

「達成目標」不如「設定目標」

第二次世界大戰後，日本為了趕上歐美的水準，一路努力終於變成經濟強國之一。畢竟，一旦變成先進國家，國家立場就會對世界有影響力。

但是要人一下子改變意識是一件很難的事。在追趕先進國家的時代，一個領導者被期待的是「目標達成」的能力；把歐美國家的政府或是先進企業當作目標，然後努力追上他們，是一件很重要的事情。

但是現在，世界上已經沒有所謂的目標了，所以必須由自己勾畫、設定所謂的目標。領導者因此被要求要有目標設定的能力。

那麼什麼是「目標設定」呢?不管是經營企業或是球團都是一樣的，我想應該是「決定什麼是真的非珍惜不可的事」，換個說法就是「要有夢想」。設定目標，就是將夢想具體化，把數字跟直覺放進去，這樣的作法對於現在的經營管理來說，會是一件很重要的事情。

但是今天的日本，領導者是不是真正具有「目標設定」的能力？這還是個問號。不管是什麼公司，都一定會設定目標，就像說要比前一年多出三%、五%這樣的數字目標；但最後結果可能只達成目標的九二%或九三%，這是很多公司共通的模式。領導者往往可能會用這種藉口：「都是因為景氣不好，那也沒辦法。」說得好像完全不關他的事一樣。

我覺得，人生沒有「失敗」這兩個字。

如果有人的能力是十，訂了十五或二十做目標；結果出現的成果是十三，那達不到二或是七的部分不能說是「失敗」，只能說「沒有預期中的順利而已」。如果一開始就覺得會失敗，在訂目標時就會訂一個可以達成的目標八；但是只出現了七的結果，這樣就很容易將責任推給別人，說是「因為經濟不景氣」。不管結果是十三或是七，先不管這兩個結果的好壞，重要的是為什麼沒達成，以及未達成時的那份不甘心。有這樣的動力後，人才會付諸更多努力，也才能成長。

再重複一遍，「目標設定」就是決定什麼是真的非珍惜不可的事。出發點就是，要有勇氣丟掉那些以往覺得是對的、或是有用的想法。

訂了目標之後，就要開始想所有可以達成目標的方法。如果說領導者可以被原諒的謊言只有一個的話，就是要持續不停地說：「目標一定可以達成。」也許這會真的變成謊言，但人會在這個過程中持續成長。也許一開始行不通，但在不停地鼓勵下就會增加信心，成為成長的動力。而且，一句這樣的話，如果可以帶來真實的感覺，就也會變成一種事實了；再從這樣的事實開始，引導到「達成目標」的真實上去。

以Sea Hawk Hotel的結婚喜宴來說，從每年八百件的業績，將目標訂在一千六百件，為此必須要丟掉一些原本認為是正確的想法。

餐廳減少了一些資深員工，相反地，增加了一些新手。然後，在餐廳承辦喜宴時，開始開闢包廂當休息室。如此一來，包廂的營業額會減少，而且在生意最好的週末，提供給在飯店舉行婚禮的新人免費住宿，親戚及友人則是以折扣價的方式讓他們住宿，住房的營業額也算是被犧牲了。

然而，一年之後接到喜宴場次的業績，仍然達到預期的目標。

要怎麼樣做才能獲利？所有的情報必須要透明化，讓員工知道；清楚地給予評價也是很重要的事，這樣才能提升那些負責傳遞想法的部屬們士氣。以全局來看，部分的犧牲是必要的，要把這種犧牲的痛當作是自己切身的痛，如果不銘記在心的話，目標設定就失去它真正的意義了。

引導各部門獻策，再從體制找支援

跟福岡的事業體協同經營之後，我頭一次看到 Sea Hawk Hotel 的會計數據，發現很多令我驚訝的事。其中尤以一般餐廳的營業額，竟然比宴會廳的多出許多，真是嚇了我一大跳。

飯店建在地價很貴的地方，而且是非常華麗的建築物。也就是說，不僅投資了鉅額的不動產，還雇用許多非打工族當成會遵守就業規則的正式員工。怎麼想都會覺得飯店的餐廳，一定不會有一般餐廳賺錢。如果是在飯店還很稀奇的時代也就算了，現在這個時代，已經演變到即使是飯店也不見得能向客人索取高收費。

但是在 Sea Hawk Hotel 這個飯店，宴會廳加喜宴的營業額，卻比不過餐廳的營業額。

營業額一高，該部門的主管當然就趾高氣昂；的確，他們是有實力的，自然也會有「我們自己的工作領域不想被侵略」這種本位主義的想法，尤其是評價基準在其他部門身上時，就更難不出現一些偏見或是派系的想法。這種心情我非常能瞭解。

於是，我對當時餐廳部門的最高階主管島津三郎這樣說：「島津先生，你真的很優秀。目前我們公司有七十八億的負債。為了改善這個情況，你的部門能不能努力讓負債減少個十億？」

要讓利益提高十億，營業額最少要增加到十五億，一定是做不到的。我想，島津一定認為，即使再努力也非常困難，更何況是為了別的部門！他一定不解，為什麼他要這樣拚命？應該是其他沒有賺錢的部門要更努力吧。

所以他這樣回答我：「開什麼玩笑！一、兩億還有可能，十億不可能。」

當然我不能在這時候退縮

「不是這樣的。如果你做不到，那其他哪一個部門做得到？我去拜託做不到的人，他還是做不到；而且我認為島津先生做得到，才來拜託你的。如果只是增加一、兩億的利益，那是沒有意義的，這對四十二億的負債，只是減低到四十億，有什麼意義呢？這跟打棒球一樣，不論打出多少安打，無法送跑者踏上本壘板，就完全沒有意義。」

在我半強迫的持續對話下，島津終於很認真的跟我說：「其實，還是有更輕鬆的方法的……」

他這樣說之後，答案自然就出來了。例如，他建議開始賣球場的年度預約票、多接一些喜宴的案子等。「比較輕鬆的方法」就是不一定要自己的部門來執行。這樣一來，因為是其他人的工作，很多新的想法就會不停地跑出來。

接下來，如何增加球場年度預約票的營業額、如何讓喜宴的場次增加、住宿數增加……等等，馬上就有一些具體的想法出來——這就是「將數字放進夢想中」的作法。

截至目前為止，還是有許多員工反應「因為過度投資導致失敗」或是「房間數如果是五百的話還有可能，總共有一千個房間所以很難住滿」等等。但我總是持續地說：「我們不能改變他人或是過去，但是我們可以改變自己跟未來。」這樣一來，員工也開始有了新動作，隸屬於飲料部門、卻讓營業額實際增加的島津就說：「應該可以接更多喜宴的。」

我很開心地對他建議說：「沒錯，但是不管餐廳部門再怎麼努力，餐廳的營業額總是最高，這樣很奇怪。餐廳的成本大概是三成五到四成，宴會聽則是三成到三成五，因為成本比較低，只要將人事重新分配計畫一下就可以了。宴會的營業額不高，飲料的營業額卻可以有這麼好的成績，是不是因為島津先生的部門太拚命了，導致宴會的流程產生不協調，部門間的運作因而無法發揮。你要不要把你底下優秀的員工轉到喜宴的部門來？因為工作是人做出來的！」

當然島津一定會說：「開什麼玩笑！」

我又接著說：「島津先生你是訓練人才的高手，所以大家才會一直進步，如果你一直把這些資深員工留在原本的部門當主管的話，年輕人不就都沒有機會了。而且我需要這些能力好的人，到需要改善業績的單位來幫忙，這跟公司的成敗有非常密切的關係，島津先生你應該很清楚這樣的道理吧。希望你能讓這些優秀員工到負責喜宴的部門來出力，餐廳就算一部分不行了也沒關係，我希望你能來幫宴會部的忙。另外，如果你覺得預約年票也是一件很重要的事情的話，也請對來餐廳的客人推銷預約票。另外，組一個賣票的團隊，依照你的喜好，從你現在的部屬中，組一個專門賣年度預約票的團隊出來；甚至，讓他們可以白天賣票、晚上兼任餐廳的服務工作也沒關係。」

島津似乎明白我的意思了，之前，他被稱為「飲料大王」，將餐廳的營業額做得有聲有色。從現在開始，我則是要他一個人扮演兩、三人的角色，成為Sea Hawk Hotel的主力選手。

從能力好的員工開始異動

一旦有了新的部門或是新的企畫團隊，通常上司會丟出他不要的人選，這樣的作法是無法讓組織活性化的。一定要丟出優秀人才，這樣才能讓組織活性化——像這些話，也需要不停地說。

因此，要找出優秀的人才，並確定他是願意接受職位異動的人。必須從這樣的員工先異動後，再調動那些能力較差的人。不過，職務異動最重要的是，要大家都能服氣。

福岡的工作便是如此，最能託付的員工，先讓他動起來——就是巨蛋的本部長安田裕明，他同時也兼任飯店的本部長（現職為福岡巨蛋與Sea Hawk Hotel &Resort的常務理事、兼任福岡大榮鷹監察委員）。雖說是兼任，但實際上幾乎就是飯店的本部長。之所以寫上其他兼任職務，是為了消除安田心中的不安，才會留下這些頭銜。

接下來，就是餐廳部門的島津（現職為Sea Hawk Hotel &Resort的監督管理人），讓他來接管大範圍的客服業務；然後是調動住宿課的佐藤賢二到社長室（現職為福岡大榮鷹董事會派任的本部長）。

短時間內，我就將上層的人事異動完成。

另外，我拜託需要加強作業的喜宴部門部長吉村邦之助，不管他從哪裡找人來都好，就是增加個三十人，讓喜宴的業績可以達到一千五百對新人。

這樣充滿動能的人事異動，是以往飯店或是巨蛋所無法想像的。

被調到完全不熟的部門，剛開始誰都會不安。但很不可思議的是，被調動職務的人都很開心。為了讓他們今後對自己的工作更有信心，還要常常對他們說：「以你的實力，要你只做這些事情是有點大材小用。」我也是真的認為有點大材小用，才這樣說的。

讓公司活性化，人事異動是有效的方法之一。並不是因為討厭誰，是因為覺得「這個人應該還可以做這些事的，實在有點可惜」，有這樣的想法才會調整職務。

但是如果想都不想就人事異動，誰都會不安。所以要先從那些對工作有自信，受到身邊同仁的肯定、也讓主管覺得可以託付的人開始調動。

只要跟他們說：「光接掌這個就太可惜了，我也是做過許多職務，才有今天的成就，你要不要試試看這個職務？」他們會理解的。

人事異動之後，也要有後續處理，就是周圍的人必須來協助異動人員。如果職務調動後就袖手旁觀，這樣的調動跟賭博沒什麼兩樣。因為是想要成功才做調整的，所以不管是看得到或是看不到的問題，都理當要協助他們。

為了部門跟自己，上司都會希望把優秀的人才留在身邊。雖然我會先調動有這種想法的主管，但最重要的是，我不會讓他們調動後就斷了原來的部門關係、或是與其他人的互動。我覺得互動是非常重要的，被調動的人不僅會比較安心，也可以建立與新部門之間的聯繫網路。

降職理由透明化，才能建立互信

我說過，調動員工要從上司開始調動起，可是這樣一來，部屬會感到不安。兼任飯店業務的安田，曾改掉社歌的歌詞唱著：「我的生命是要獻給巨蛋球場的，才不想去飯店工作。」說他是「福岡巨蛋球場的大哥大」一點也不為過。把這樣的安田調到飯店部，那些將安田當大哥一樣仰賴的人，當然會開始有「誰來保護自己」的不安。

自從讓安田兼任飯店和巨蛋球場的工作以後，我刻意減了球場部門幾名安田部屬的薪水。安田因為太重視直屬的部屬，給予他們超越工作能力的待遇。這件事讓其他部屬對安田產生反感，形成溝通上的困難。有實力的安田，將他的實力分給部屬，讓他們的業績停滯在高水準。當然，安田的部屬也算是很盡力，所以我說這是「刻意的」。

但是不能讓他們的大哥安田去降低他們的薪水，所以由我來減他們的薪。身為兼任的部長，安田的立場必須對飯店和球場一視同仁。球場的AO級員工和飯店AO級員工的實力應該相當——實際上大家也是這麼認為。所以，如果AO級員工的薪水不調降到和飯店A級員工相同的話，安田就沒有辦法名正言順地帶領部屬工作。「並非評價變得不好，只是將薪資調到與其他A級員工相同而已。」我把想法告訴大家，就算是被調薪的部屬，只要他們提升實力，那時候再升等為AO級就好了。

當然，不是說以前的安田偏心，安田在球場部，護著球場的部屬是理所當然的。像他這樣有能力的人，只是在做他該做的事。

我讓這個有實力的人來負責飯店，對飯店的員工來說也不是壞消息。但因為是兼任，所以不只是對飯店，我希望安田成為對飯店和球場的部屬都照顧有加的上司——這才是這次人事調動的目的。我對安田說：「在你負責球場的時候，關於你有點過分獎賞的部分，我調降了一些，因為我希望球場和飯店員工的起跑點是一樣的。這一點我會負責。」

如果很公平地看球場的員工，總是要看到他們的努力，才能開始升等的考量。如果你覺得你以前對飯店的員工有偏見，現在要提升飯店員工的等級也行。

發表兼任的人事調動以後，最初的審核我沒有讓安田動手，所有評價都是我審核的。從第二次審核之後，都是以安田為中心的部門主管動手審核。只有第一次的審核，我擔心安田會被質疑偏心，所以由我親自審核。當然，那一次審核我也讓安田參與，也聽了許多部門主管的意見。

降職跟升遷是同一件事，做了當然會引起不悅。這樣令人討厭的差事，讓本來護著他們的上司去做太過殘酷了，必須在上司權限無法管制的時候進行降職。

被降職，誰都會生氣。「高塚擅自降我們職」，只要公開所有的訊息，就沒有人有理由生氣。實際上，安田的部屬薪水真的比別人高。所以這不是降薪，而是配合別的員工。基本上因部屬不同而其標準有差異就不對，所以我只是去除差異而已。

假設薪水少了一萬日圓，生活也不會太困苦；但是因為這樣，使得人際關係變得亂七八糟才令人心煩。

這樣的事情，我在員工面前也能光明正大地說出來。因為立場不公正，審核的人想套私情才會想要隱藏；我公開一切，讓私人感情無法介入審核手續。

我本身沒有介入細微的審核，我說的是公司全體的構造。每個人的審核都是經由部門主管們聚在一起爭論之後而決定的。上司想要偏心升薪等都會被駁回。但如果是誰想要替很年輕卻很努力的人才升薪升等，沒有人會有異議。只要審核的過程透明化，自然而然會有一個大家都認同的結論。我認為，不熟悉部屬，經由機械化的過程隨便審核，或是給予薪資這件事才是有問題。

這是一個無法期望整體快速成長的時代，希望我能夠給予在這樣艱辛環境下，仍全心全意努力工作的人們一個他們該得的審核。

先升遷再調整職務

有一名認真的女社員飯田繪里香，她負責櫃檯業務，是沒有任何頭銜的普通員工。在她直屬上司佐藤的推薦下，我升她為代理課長，不久，再將她調到年間預約席的營業部門。

在這個過程中，「先將她升格後再調整職務」是重點。

「妳在櫃檯的表現非常好，我對妳評價很高。但是這樣太可惜了，以妳的能力，不只能做好等客人來了以後的服務，一定也可以幫忙招攬顧客的業務。」

這使得當事人有信心去努力做下一個工作，也使組織更有活力。

每次我看見那名長期擔任客房服務、名叫福江優子的女社員，都覺得她的笑容不夠。她笑的時候，表情很有親和力，但是卻不常笑。我對她說：「你到日式餐廳去工作看看，應該會是個很好的經驗。」然後將她調職到日式食堂，日式食堂是一個可以讓員工總是能笑容滿面跟客人打招呼的地方。福江進入這間飯店工作，就是想負責櫃檯的工作，所以她在別的部門當然很不開心。這是我一開始就預料到的，但我希望她能克服這個難題，所以才故意將她調到與她本人意願相違背的單位。

在差不多要將她調回原本的部門時，我問她：「怎麼樣？換部門應該很辛苦吧？」她回答說：「是的，換部門確實很辛苦，但很多員工被調職了，卻還是很努力，我也不能輕易放棄。」我說：「有這份心就夠了，我會讓你回到客房服務員工作的。」然後拜託大西常務將福江調回客房服務員。現在，她比以前更有笑容、也更努力工作。

人事調動不是為了組織方便，而是為了讓當事人更有心、能更認真地工作。如此一來，會讓組織更有活力。

還有經歷過調職，就更能客觀看待自己在以前部門的職責，或是也能懂得「餐廳的人原來是這麼看客房服務員的」。

福岡三事業有許多部門。幾乎所有的社員工都覺得，自己現在所屬的部門最好。雖然這也是一件非常好的事情，但就深怕也許這些員工都看不起別的部門；如果要調他們到別的部門，就會煩惱無法順利融入環境。

要在注意這些細緻心理問題的情況下，再進行調動員工的工作。如果無法幫那個人找到他理想的生涯規劃，就無法負責人事調動的工作。雖然很多人說：「有八百名員工，要做到這樣真的很難吧！」但我覺得，這是領導者最重要的工作。領導者不是自己一個人工作，我認為我們絕不能忘記我們得依賴許多人的能力來完成工作。人不是棋子，沒有目的的人事只會讓人痛苦，並給公司帶來損失。

有十成功力的人，只發揮五成功力？

就算是虧損的公司，所有員工還是很認真地做事。對這樣的人，就算你糾正他們「這裡不好」、「那裡不好」，他們也不會改變。

例如，就算你說「看到垃圾就撿起來」這麼理所當然的事，當下員工會撿，但他們不會每次都撿。因為總不能一直撿垃圾，一直撿也沒用；而且，撿垃圾會影響到原本他們「份內工作」。由此可見，撿垃圾不是「份內工作」，而是「額外工作」；像這樣的「額外工作」，勢必得犧牲一些「份內工作」的時間。所以必須要訂出一個標準，看要做多少。在上班以外時間做的話，會犧牲自己的時間；而一直做沒完沒了的事，也可能令人感到空虛，需要被看見。所以，讚美是應有的鼓勵動作。到繁忙的其他部門幫忙也是「額外工作」，但因為去幫忙，可能疏忽了自己部門這份「份內工作」。讓隊友做部門的工作，而自己去幫忙別的部門，雖然別部門的人會感謝自己，卻會被自己部門的人認為太滑頭，而被排擠。

與其這樣，還不如把拿去幫忙的時間，慢慢地拿來跟大家一起做自己部門的工作，這樣還輕鬆許多。

大家都會努力做「份內工作」，但這樣做，不能說是為了填補七十八億日圓的虧損而努力。

實際上，「額外工作」裡包含了許多改善業績的要素，但員工很難動手去做「額外工作」。他們所持的理由有以下兩點：首先，會犧牲到做「份內工作」的時間；其次，會犧牲自己的時間。

「額外工作」沒完沒了，會漸漸地感到空虛、無意義，然後開始疑神疑鬼。最重要的是，必須建立對「額外工作」的共識；在日常生活中，就要不停地討論這件事有多重要，然後要獎勵實踐或輔佐做「額外工作」的員工。

要求已經做到十的員工，繼續努力做到十二、十三，整體不會改善。經營管理就是能思考如何讓具有能做到十的潛力、卻因為某些原因只發揮了四或五的員工，努力做到七、八。

如果抱持著「沒有整頓好讓你能發揮能力的環境是我們不對」的心態去對待員工，員工的反應也會改變。員工沒有發揮其所有的實力真的很可惜，找出原因、消除原因，正是領導人的工作。

不只看「五年後」，還得看「三十年後」

明治維新與戰後，日本人體驗了大時代的變化；今日的日本也許也與當時一樣，有著非常大波浪的變化。

過去日本經驗大時代變化時，那些守著舊制度的元老退出，讓年輕一代的人開始活躍。但，今天呢？

今天日本的經濟、或是日本的大企業掌舵者，幾乎都有「我想在待在現在的位置再做五年」的想法。當然，在年輕世代中，也有人有遠見看到三、四十年後，他們會想「這樣下去不行」，於是充滿了挑戰的精神。但是，大部分的人都被有著「再這樣五年」的領導者阻礙而無法前進。

我觀察了一下這些領導者的想法，他們應該都是覺得「我們沒有錯」吧。創造泡沫經濟、然後瓦解它所帶來的通貨緊縮，都是這些領導者的前輩。

這些前輩已經都拿了退休金辭去職務了，剩下擦屁股的工作，交給現在這些領導者。因為他們不知道自己能不能領到退休金，就先安心過個五年再說，某種意義來說，也是無可厚非的事情。

像這種想法，也被表現在把員工減薪的作法上，許多企業的作法是「一律減一〇%」，或是「課長以上減薪一〇%、一般員工減薪五%」等。如果一律減薪一〇%時，假設部長的月薪是一百萬日圓，就變成九十萬日圓；一般員工如果月薪是二十萬日圓，就變成十八萬日圓。我想這是公平的。

目前為止景氣不錯的話，也會給予中、高齡的人順利加薪。然後，可能到了某一個時間點之後，就可以拿到超過工作量以上的報酬。現階段還在領月薪二十萬日圓的年輕人，就算到了跟現在的部長一樣年紀時，頂多領個五十萬日圓的薪水，而且除了忍受也無別的辦法。對於這樣的制度，年輕一代的人能有自己將來的夢想嗎？

如果年輕人不能從工作中找到生存的意義，自然會從別的地方去找，重心也就不在工作或是公司上了。看到這種現象，許多領導者都會感慨說「現在的年輕人」，但都不去問到底是誰造成這個問題的。接下來要背負日本的，是年輕人而不是我們這些中、老年人，如果能創造一個他們醞釀夢想的環境，未來的日本也會因此會有很大不同。

所以我在修正薪資基準時，將年輕人的薪資水平提高，針對中、高齡且高薪員工的部分，則稍微抑止他們調薪的動作，很快的就感覺到改善了對工作有熱情的年輕人的士氣與動力。將這些年輕人盡早送到第一線，並且做了無關年齡將有能力的人，積極讓他能當上主管職位的動作。

為什麼呢?就是希望教育出不要只想「再混五年」而是要能看「三十年、四十年後」的領導人，也就是說教育社會的下一代，希望讓年輕人對於現在的工作跟公司，能夠帶著驕傲跟持有夢想的狀態。

第二章 員工充滿鬥志，公司自然不一樣

不管你是高層還是基層，或是夾心餅乾的中階主管，都有清楚定位。

2

比部屬先低頭道歉

到飯店就職的新鮮人，都是想從事服務業而到飯店就職的，所以我總是讓他們到現場的第一線去工作。許多飯店好像都以實習之名，讓新進員工到不可能接觸客人的地方工作，我認為這是一件很可惜的事。在可能的範圍內，我盡量讓新進員工到第一線去工作，因為新進員工的幹勁和他們感到的疑問，對公司來說都是無價的資產。

當然，剛開始不習慣總是會出錯，上司自然不喜歡突然讓新人到第一線去。但是，我之前就寫過，我認為人生沒有失敗，有的是事與願違而已。我對這些事與願違帶來的挫折感寄予莫大的期待，認為這些挫折感能讓人成長。如果把這些當成失敗來糾正，新人不但不會成長反而會畏縮，這樣才是損失。

我認為新進員工出錯的時候，上司代替新人被罵就好，不要讓他本人道歉。帶新人到顧客面前一起鞠躬道歉沒有問題，但上司要代替部屬道歉，說聲：「對不起，是我指導的方法不對。」護著出錯的人才是最重要的。

「他很認真努力了，非常抱歉。都是我的指導方法不好。」這樣說，能把客人的怒氣改為教育員工的好機會。

福岡巨蛋球場有球場看板營業部。但因為經濟不景氣，看板廣告的業績並不理想，願意登廣告的顧客，都是努力再努力才找到的。

這些可貴的顧客，對於登看板這件事非常挑剔。「我們在ＣＩ一直都使用紅色，所以無論如何這個部分我們都想要用紅色。」慎重考慮的結果，營業部接受了這個條件，將紅色的看板設置在球場內。

剛開始沒有人有意見。但是不多久，這個看板在實際的比賽中就成了問題。媒體開始炒作，說井口資仁選手沒有接到球，會不會是因為「廣告看板的紅色讓他撿不到球」。這樣拚命炒作，讓井口選手和教練有這樣感覺也情有可原。

大多數的領導人應該會對業務員說：「就算做做樣子也好，你去跟選手和監督道個歉。」但我告訴業務員說：「你沒有道歉的必要，道歉是我的工作。」然後到監督和井口選手那裡道歉。「真的很抱歉，他很努力的拉廣告，也是為了選手的報酬。如果我對他生氣，就變成認真做事的人被罵，不認真做事的人不被罵，這樣就太奇怪了。部屬做錯事，總歸來說都是我的錯，所以我替他來道歉。真的很抱歉，我希望您能原諒他。」說完，我深深地低頭鞠躬致上我的歉意。

這時候，王貞治教練的態度值得欽佩：「紅色可能很醒目，但對手的條件也是一樣的；在室外球場打球也是有突如其來的風，或是街上的看板，狀況都大同小異。」他反過來顧慮我們的立場。

我也跟井口選手說：「真的很抱歉，但希望你可以諒解他不是故意的。」然後對媒體和寫那些文章的記者說：「謝謝你們，如果你們寫選手出錯漏接，那麼也許看球的顧客們會不願意來了。但是罵管理階層的人不好不會禍及到選手，希望以後你們都可以這樣做。」

保護部屬，相信部屬，應該這樣才對。

總是讓他們當箭靶，自己在後面看著，這樣的上司是沒有部屬會跟隨的。

部長和課長的面子都要顧

如果你有三個小孩，依照年齡給予不同的待遇，姊姊會變得主動去照顧弟妹。當然，你不能嚴厲的對姊姊說：「因為你是姊姊。」想讓姊姊主動去照顧弟妹，要說：「因為你是姊姊，給你多一點零用錢。」給她三千日圓。而比姊姊小一歲的給兩千日圓、更小的就給一千日圓。

此外，還要告訴姊姊：「你比弟妹拿的多，偶爾要對妹妹好一點。」如果姊姊平常就對妹妹們很好，那麼給五千日圓也可以。

然後要不斷重複地對姊姊說：「如果出門在外要花多點錢，你要照顧他們喔。」這樣一來，姊姊自然會主動地去照顧下面的弟弟妹妹。

就算是很不聽話的小孩，只要讓他們跟比自己年幼的小孩玩在一起，他們也會突然變得懂事，去照顧比自己年幼的小孩。就算比他們年幼的小孩開始發脾氣、耍任性，他們也都會忍耐下來，告訴小小孩這樣是不對的。但如果大人插嘴、劈頭就說：「你是哥哥所以要忍耐。」這樣反而會讓小孩不想忍耐。

組織跟這樣的狀況是一樣的。在階級劃分稠密的金字塔型組織裡，指令傳達遊戲跟溝通一樣困難。為了避免這樣的狀況，可以讓部長兼任幾個課的課長；部長兼任課長的話，就不會用部長的身分來講話，而是用課長對課長的對話。這樣既維持了部長的顏面，也維持了組織平衡。

對於兼任課長的部長們，我會這樣告訴他們：「原定目標為一億日圓，你的課可以將目標降為九千萬日圓，但是你要好好獎勵你的課長。雖然別的課的課長目標要達到一億三千萬日圓，並不是要部門與部門之間競爭，而是希望你們一同達成目標。」

這樣一來，部長不只要盡課長的職責，也會盡到部長的責任。

但如果你要部長兼任課長的部門達到一億三千萬日圓的目標，別的課長反而只要九千萬日圓，那麼這個組織將會搖搖欲墜。如果搶起客人來，兩邊都不想輸，而兼任課長的部長名份上為上司，他的部門便會有利許多，這樣就太不公平了。

新進人員不會出錯的公司太無趣

現在很多人都說中間管理階層太沒有元氣了。為什麼會這樣？理由非常簡單：對中階主管不滿，卻還支付高薪給他們，然後只聽一般員工的說法，這樣的「高層」太多了。

這樣的組織不會變好。如果真的對中階主管不好，那麼解雇他們就算了；不能解雇他們、卻又對他們抱有不滿，是一件相當可惜的事。與其這樣，還不如去思考如何讓中階主管和一般員工好好相處，或如何讓中階主管更有幹勁。

一個人能管理的人數有限。沒有一個高層能獨力管理五百或一千個人。越是公司上層的人，越得要會借用他人的能力。而這個「他人」指的不是別人，就是中階主管。

領導人的條件有四個：

一、信賴中階主管。

二、保護員工。

三、除非是為了教育員工，不然不責罵員工。

四、獎勵員工。

只要完全實行這四項去做就可以了。

組織中沒有最根本的信任，這個組織就會慢慢地衰退；如果是為了建立信賴關係的責罵，想必中階主管也能諒解。

忘了是什麼時候了，我責罵過一個部長。

有一個新進員工第一次犯錯。她接收了一份業務上非常重要的文件，卻忘了把文件轉交給承辦人員，結果導致這份文件被擱置了一個禮拜。這件事讓該有的進度晚了許多，也給周邊的員工添了許多麻煩，所以這個部長斥責了這名新進員工。

這名新進員工感到非常內疚，身為她上司的部長把整件事的來龍去脈說了一遍之後說：「因為這樣，現在她變得畏畏縮縮的也是沒有辦法的事。」我聽了以後怒罵那個部長：「為什麼你要把這件事當成是出錯闖禍？」她有很多工作要做，只是一不小心疏忽了而已；如果真的是如此重要的事，只因她的疏忽，就害工作進度慢了許多未免也太奇怪了。只要有任何人注意到，注意到的人問一聲，這件事情就不會發生了。也許只是因為大家都預設對方公司還沒有把文件交到公司，但公司沒有制度，讓新員工知道她疏忽了某件重要的工作，這個問題才大。就算不小心忘了，只要建立一個制度是能夠查看作業流程的話，問題就解決了。我認為完全交給一個人處理，等到出錯的時候，全部的人再誇張地責備她的疏忽，這樣的模式才奇怪。

也就是說，一個禮拜文件還沒送到，需要那份文件的人說聲「還沒有收到」，這個問題不就能夠解決了？

如果讓公司成員因為這麼簡單的差錯而變得畏畏縮縮的，那麼新員工就會失去他們的幹勁。為了教導員工，在出錯的當下責備他們是對的。但是她一直對這件事情耿耿於懷，身為上司的部長沒有體恤到這一點，才是令我對這件事生氣的原因。

身為上司，應該要護著屬下，告訴她：「不用在意那個過失了。」然後跟她一起思考，如何才不會再犯一樣的錯。

乍看之下，這個部長好像很有道理：小的過失會引來大的過失，所以越小的過失越是要謹慎。但是這是理想論。只要是人，孰能無過？率領組織的部長，職責就是去思考如何彌補失敗。

如果不能出錯，那麼做一些需要優先處理工作的員工，就會顯得非常吃虧。這樣一來，他們恐怕會以為，變成慎重而且慢慢做事的人才是對的。當然，一個組織不會只有重視速度的人，重視速度和謹慎的人聚集在一起，才是一個組織。

在那之後，我對新進員工說：「你有一個好上司，他是為了不讓你重蹈覆轍才責罵你的。但你也不用因此而畏縮，還是繼續努力地工作。不過對上司，你要跟他說『謝謝你的指導，因為您糾正我的過失，讓我能夠隨時警惕自己』。」

不敢讓新員工犯錯的公司是無趣的公司。最好是告訴員工：「犯一點錯也沒關係，盡情地用你們自己的方法來工作。」

為部屬「雪中送炭」

如果你手下一名幹部他家在過年前被闖空門，丟掉了三十萬日圓現金；聽了這樣的消息，身為領導者的你會擔心什麼？

我最擔心的是「夫妻兩人會不會因此而爭吵」，也就是所謂的「二度災害」。但我問過幾個人，沒有人和我擔心同樣的事，大家說的都是「不知道被偷了什麼」、「真是倒楣」等於事無補的話。

然而，夫妻兩人爭吵的確是件嚴重的事。

假設發生了這樣的狀況——無意中，丈夫說：「妳為什麼要把錢放在這裡？把那麼多錢放在這裡就是妳不對了。」因為他講的沒錯，以至於太太無法反駁，雖然心裡不高興，但錢被偷是事實，也只好認帳。

過不久，太太可能會想：「又不是我想放在那裡，是因為要準備付帳款的。」但覺得總是先生辛苦賺來的錢，又很自責。太太的心中本來已經充滿矛盾了，加上丈夫又時不時叫她要注意，儘管沒有惡意，兩個人的關係還是會越變越差。

如果是我，會自己掏腰包，補貼那位幹部被偷的三十萬日圓。如果讓公司出錢，會讓當事人覺得對所有員工過意不去，這樣反而不好。而且，為了讓他放心收下錢，我會對他說：「剛好，我總是要你幫忙，如果不發生這樣的事，還不知該如何回報你呢！你被偷的錢我幫你補回去，是我個人的錢，你不用介意。我最擔心的，是你們夫妻倆會因為這件事吵起來，引起『二度災害』，真的很慶幸尊夫人沒事。」

我一邊這樣說，一邊把本來就準備好的錢交給他。上下彼此信賴的關係，是建構在日常的相處中，我特地舉這個例子，因為它剛好碰觸到最敏感的「錢」，對收錢的那一方來說，也許會是一件不舒服的事，給錢時說了這樣的話，對方會好受很多。

而且，你可以告訴對方：「我給你們錢，是不希望你們吵架。因為我這個人很笨拙，想不出什麼可以幫得上忙的，只好出此下策，這是我所能想到最好的方法了。」

像這類事情，其實是日常管理中的原點。思考如何解決問題時，重點要明確；實際執行時，要思考如何才能讓對方不會不舒服、不丟臉。身為領導者，尤其要清楚能為他們做什麼；去想一些做不到的事，只是天馬行空而已，盡力想出一些自己能力範圍允許的辦法，才是最重要的。

基層的不滿不能由高層出面

一般傳達訊息的流程，都先由老闆開始，接著是高層幹部，然後到部長、課長，這樣順著傳下去，慢慢傳到全組織。這種方法將會越來越行不通，現代已經變成以中階主管為主要流向。

高層總以為「水往低處流」，所以讓自己高高在上，再將訊息往下傳。不過，該修正這樣的心態了，要開始把水灌輸到底部，思考如何蘊育根部才對。

從前的領導者處在完全可以掌握部屬的環境裡。為了掌握部屬，他們領的是可以自由揮霍的薪水。下班後，上司會請客，說要去喝酒，部屬就會跟著來。當時的環境，讓上司於公於私都能照顧得好屬下。

但是今非昔比，課長和部長的零用錢可能只有三萬或五萬日圓，單身的部屬可以自由揮霍的錢可能有十萬或二十萬日圓。既然是各付各的，要部屬自己掏腰包去聽上司發牢騷或說教，還不如跟朋友去吃飯喝酒——環境已經變得讓上司無法帶部屬去喝酒了。

上司只能用上司的權限去管住部屬。要從根本改變這樣的現況，高層必須實際聽聽職場的聲音。

到業績不理想的部門去查看的時候，幾乎都會聽到這樣的意見：「就算建議上司，上司也不會讓我這樣做。」幾乎都是上司的壞話。這個元兇，基本上就是那些上司的權威，還有他們訂下的一些制約部屬的規則。

在解決這些問題的時候，我採取的方法及順序，是由員工本身的「上司」、而不是我親身來幫員工解決事情。如果不這麼做，上司和部屬不會產生任何信任關係。

對工作上產生的不滿，我總是會問：「你有這麼好的方法，為什麼不直接告訴你的上司？」如果答案是：「跟上司說，他也不會去做。」我就會繼續說：「這不是你的上司不好，是因為一直以來，這個公司舊的架構和舊體制有一些問題。也許他也很想照你的方式做做看，只是無可奈何，你應該跟他再溝通一次試試看。畢竟我跟他聊到你的時候，他真的是稱讚有加。」另一方面，我會跟上司說：「你的部屬想讓公司更好，很努力地為公司著想，希望你能多採納他們的意見。」

有很多中階主管會感嘆自己的遭遇，但如果讓部屬看到他們自己都在嘆氣，本來不聽話的部屬就會更不願意跟隨這樣的上司了。這樣一來，那些中階主管的上司，就會對這些中階主管施壓，形成惡性循環。

高層不是評論家，也不想知道事實，只是要知道之後如何改革。所以高層不需要說實話或轉述事實，部屬說了上司的壞話是事實，但對他的上司要說：「他沒有說過那些話。」

告訴當事人說：「部屬說了你的壞話。」這個上司不會開心。「部屬說了你的壞話，所以你要改進。」高層的人如果這麼說，中階主管會直接回答：「是，我知道了，謝謝您的教導。」但是馬上照做的人少之又少，因為他們一定會覺得不舒服、不開心。

但是這世界上有太多經營者都只想看見事實，所以狀況會越來越惡化。

部屬說上司的壞話，或是上司說部屬的壞話，都絕對不是一件好事。正確向當事人傳達事實說：「你說的對，他說了你的壞話。」也許是對的；但如果不希望造成他們之間的扞格，你必須說：「不對，他沒有這麼說。」重要的是，要持續告訴員工你理想中的組織是怎麼樣的，還要持續告訴他們，那些理想好像都已經成真了。如果不這樣做，要改變一個組織是不可能的。

溝通，要用對方最能接受的方式

通常，我們越是知道不能失敗、越是緊張，就會越容易失敗。失敗之後，就會一直找藉口，證明自己是有心上進的。然後，在一直找藉口的過程中，慢慢就會對找藉口這件事感到羞恥，開始全力以赴了。

為了教育部屬而責罵他時，最重要的就是要讓對方有台階下。如果不這樣，讓對方惱羞成怒、弄得雙方都不開心，就得不償失了。

當然，一定也有不喜歡你的部屬，這樣的部屬就算你說盡好話，想必他也聽不進去。

比如說，我常常責罵一個愛遲到的員工，結果就被他討厭了。這個時候，我會找一個跟他要好的人跟他說：「他實在很不錯，雖然我常常因為希望他成長、更好而責罵他。也許他不喜歡我，但我真的覺得他是一個能力很不錯的人。你如果跟他很要好，希望你繼續肯定他的優點。但是有一點，我必須要說，就是他雖然能力很強，卻常常遲到；也許他能力強，無傷大雅，但是尊敬他的人有樣學樣就糟了。辦事能力差，但卻覺得遲到很帥而變得愛遲到的話，不要說那些仿效他的人，就連他自己也會變成大家批評的對象，這樣一來就太可惜了。這種感覺你應該很懂，所以希望你有機會能給他一些建議。」

這段話說完以後，他幾乎不遲到了。最重要的是，要思考讓誰傳達這些話，對方會最高興、最能接受，然後再實際行動。

溝通的原則就是一對一。能夠一對一溝通，之後才可能進行一對多、多對多、一對無限大、無限大對無限大溝通。

在我參與盛岡Grand Hotel的經營時，他們拜託我也參與福岡第三事業的經營。那時，我聽了許多類似「盛岡和福岡規模差太多」的話，雖然規模真的相差甚多，但是建築在溝通和信賴關係上的經營方法是沒有任何差別的。盛岡和福岡有眾多相似點，所以我做的事也都一樣。

當我說：「要以信任為基礎。」有人回我：「高塚先生，你這個理想我能瞭解，但要如何信任無法相信的人？」

關於這點，我認為有兩點矛盾的地方：

第一、為什麼要錄用無法信任的人？至少在錄用的階段，你是相信對方的，那麼是誰讓那份信任消失的？第二、對於信賴這句話，你的基準放在哪裡？經營者往往會把焦點放在部屬的能力和業績上，但是這是不對的。重要的不是能力或業績，而是相信他們能力進步和業績創造等這些潛在的能力。

隔空讚美法

雖然我之前提到溝通的原則是一對一，但是讚美的時候卻有比一對一更有效的辦法。這是中內功先生傳授給我的。

中內功先生沒有任何必要拍我馬屁，但是他總是在我身邊的人面前稱讚我說：「雖然我看起來對於物流好像懂的還不少，但是在飯店業的領域，高塚是我的老師。」

實際上，這樣的話在獨處時一對一的講，只會覺得是恭維的話。不是覺得很不好意思，就是疑神疑鬼地、覺得對方會不會別有他意。雖然在自己的朋友或部屬面前被稱讚也是有一點尷尬，但卻同時感到很開心。而且，中內功先生做這樣的事時，都很自然。

中內功先生讓我驚訝的還不只這些。

當我還在盛岡的時候，中內功先生請我去演講，我沒辦法每次都與中內功先生確認時間，就直接打電話給那時負責演講的承辦人，告訴他我可以配合的空檔，擅自決定講演的時間。

然而，中內功先生從不會說「改天」，他總是會在我擅自決定的時間出現。這樣幾次之後，我總以為雖然聽說中內功先生很忙碌，但其實應該很閒。

可是事實上不是，他總是回絕掉所有的約定遠道而來。像中內功先生這樣大名鼎鼎的人物，是可以隨時推掉先前約會的。他不是以先來後到來處理事情，而是以重要性的差別來處理事情。這樣說雖然有點冒昧，但覺得自己被他認為是重要的，甚至推掉另外的約會前來，更是一件令人愉快的事。他是一個能讓人感到如此開心的名人。

不只是這樣，他還來參加小女的婚禮。我只是一個大榮集團下一個小公司下的小小公司社長，當時中內功先生身為Recruit董事長，想必一定非常忙碌。這樣的大人物竟然在百忙之中抽空遠赴岩手縣，我真是非常欽佩他。

經歷這些之後，當他說「能不能來福岡幫我」時，我實在講不出任何拒絕的話來。

中內功先生真的是一個善用人才的人，就像「三顧茅廬」傳說，他非常懂得如何恭維人、讚美人，從他身上我學會如何用人的好技巧。

從對方的諷刺找溝通突破點

老實說，經營大榮的福岡三事業，比起經營規模小許多的盛岡 Grand hotel，在精神上真的輕鬆許多。盛岡 Grand hotel 那邊，不管在任何方面，包括地域性上都更官僚、更封閉、更排外。實際上，相較之下，業績先轉好的也是福岡事業那邊。

不只盛岡，許多地方鄉鎮都很排外，不只是員工的問題，連飯店周邊的環境也是問題。人際關係的網絡太稠密，沒有任何空間讓外來的人進入。一開始，他們的態度也是「從東京來了個小夥子」、「這麼年輕能做什麼」這種看好戲的心態。

但是在對方帶有諷刺意味的犀利言語中，一定有溝通的突破點。只要他們說得越多，那麼就越能找到好的突破點。

譬如有人說：「高塚先生是從東京來的，但我們這裡的員工都只待過岩手，沒有人到東京時髦的飯店實習過，這樣的人哪有辦法提供客人什麼奢華的服務？」當時，我馬上把這些話當成我的突破點：「你說這是什麼話！住在當地的人當然最清楚當地的事情。飯店裡的員工如果沒有對當地事情瞭若指掌的人，如何介紹給客人、服務客人？所以優秀的員工會留在地方上，而且不錄取當地的人，就不叫做整體的地域發展。」我說的很大聲，員工自然也會聽到。

我不是對眼前的人生氣，只是我想讓員工聽見我的意見。只要他們覺得「不想讓別人看不起我們」，就能建立員工跟我的連帶感。

雖然我在盛岡和福岡做的事都一樣，但是應該這麼說：我在福岡做的事，是在盛岡經驗過的事。因為在盛岡做的任何事，都是我從未體驗過的。

在盛岡，有許多日本一流企業的分店。分店店長都是一些優秀的人，但是就算是這麼優秀的人才，在盛岡也無法活躍。為什麼會這樣？因為他們把重點都放在業務上，跟地方上沒有交流，而且兩、三年後就會調離。因此，除了把通訊地址理所當然地遷到岩手縣之外，我把戶籍也移到岩手縣，甚至在那裡買了墓地，證明我不只是一個過客。這樣做，讓我成功打進地方上的圈子裡。

發掘五%的頂尖領導人才

要改變組織的風氣，最重要的是要改變人的意識形態。但就算話這麼說，也沒有辦法一下改變、或去進行改變全部員工的意識形態。

所以要先表明自己的目標，再去尋找能夠幫忙自己積極達到目標的人。如果能在全部員工裡找出五%這樣的人，改變組織的風氣就變得非常有可能了。為什麼這麼說呢？對於有幹勁又肯改變的人給予獎賞，不只能讓當事人更有心向上，還能帶動周邊良好風氣影響周遭的人。人本來就很怕孤單的動物，所以讚美能夠帶來意料之外的喜悅。

要如何對待能夠實際改變的員工？這個問題變得非常重要。以往人們比起貧窮，更擔憂不平等待遇，所以上司最煩憂的，是如何讓人事公平。但是這個方法又會讓有上進心的人覺得自己努力也無用——流失有上進心的人，對組織來說才是一大損失。因此，要讓員工理解「評價上固然有差別，但是這不是永遠都不變的」的道理，然後實踐。

另外，要改變組織還有以下五個非常有效的要素

一、錄取

二、人事調動

三、教育

四、活動

五、小團體活動

讓員工任職於現在所屬的單位，但另外讓他們參與特別企劃組等小團體，並讓這些活動能夠有即時性。

長期間做一樣的工作，誰都會感到無趣而變得隨便。如果有了緊張和危機感，才會想辦法發揮自己能力以上的潛力。在一成不變的組織裡，人們只想運用過去的經驗來辦事，而不會去思考新的點子。所以，調動也是能培養員工上進心得要素之一。

要開始小團體活動時，從許多部屬選擇優秀的人才，用「指定」的方法，集合「想參加新計畫」的員工們，創造新的舞台。小團體活動是「很高興能參與這項令人很開心的工作」，卻也是「不做不行的工作」；當然，同時也必須犧牲現在所屬單位的工作。在人事部署上，要思考如何在人員不足時有效率地做完工作。當然，也要給予支援小團體活動的成員該有的正面評價。

辦一些與日常工作不一樣的活動，可以讓社員感到很新鮮、愉快，也可以讓本來工作沒辦法發揮自己原有能力的員工，因為興趣或其他事情可以受到矚目。為了讓社員們發揮他們自己意想不到的潛力，或讓他們的意願提升，活動都是一個非常重要的關鍵。

錄取新人也對組織的活性化有相當大的幫助。不管應屆畢業生或換工作的人，錄取的標準都只有一個：「有非常強烈的意願想來這個公司就職的人」。在面試的時候，我會問：「你進了這間公司以後，什麼是你絕對有自信拍胸脯說這是你可以做得到的？」如果能夠回答出具體的答案，那麼被錄取的可能性就很大。就算答案是「我可以比誰都早到公司」也可以，只要他能有一樣非常有信心自己絕對能做得到的事情就好了。

錄取是接收與現況不同的異質文化。這時候，最重要的是新員工的意願、行動力，還有他們的疑慮，因為這能轉化成改變組織的原動力。對於他們率直的疑問能給予明確回答的東西，是能夠帶到未來的；反之，不能回答的就必須要留在過去。新人的加入，能夠給予我們機會去思考，每一個業務到底是形式上的東西，還是因為在過去歷史中有需要而被累積下來的。

透過媒體與員工、顧客溝通

近來我常接受雜誌等媒體的訪問，對於記者或訪問者的訪談內容，我不曾事先準備，也絲毫不隱瞞。對於他們的問題，我總是努力回答真相，因為我保持一顆想要回饋社會的心來回答問題。

如果我們的做法能夠供其他企業或人們參考，是一件令人開心的事；而且，我認為讓大眾知道公司的實際情況也是必要的。

如果顧客看到刊登的文章而跟員工們聊起來時，員工沒看過那篇文章，也無法回答客人的問題，該名員工就會非常丟臉。所以我希望能夠透過媒體，讓員工知道、細讀，進而理解公司想的事以及社會大眾所質疑的事。換句話說，接受媒體訪問，也是教育員工的一環。

跟敝社有關的文章被刊登出來時，許多看了文章的員工們會對我說：「高塚先生，我不知道您這麼辛苦，真不好意思給您添了許多麻煩。我會繼續努力工作。」

產生許多類似的反應，這些都令人感到很開心。

文字還能產生另一個重要的效果。看了文章的地方人士或顧客，也都能了解我們想傳達的理念。

當然，許多人站在不同立場來看這些文章，我們無法避免解讀的人是否會故意混淆意思，所以立場要明確。

面對這些公開訊息，我們自己本身要更加謹慎、小心。從這個角度看來，雖然寫成文字在某些層面上非常恐怖，但卻也是很重要的事。

也因為如此，我盡我所能馬上地回答媒體的問題。

例如到東京出差時，我會在飯店接受訪問，但因為時間緊湊，有時必須勞駕對方來到我住宿的飯店；如果我只有八點有空檔，對方就必須六點起床到飯店來。我雖然不知道對方的生活形態，但是一定會說：「我知道早起很痛苦，真不好意思要如此麻煩您。」其實有時候，我也覺得八點就得工作非常痛苦，但我還是盡量回答問題。

以前大榮鷹隊的王貞治教練只要看到負面報導就會皺眉，表情嚴肅；而只要令他頭疼的主題，如果情況允許，他都盡可能不應答。但是最近王教練變了：「社長，就算是負面報導，能夠曝光都是好事。」

監督和選手都變得認為正面或負面報導都好，自己是訊息的源頭才重要。這是一件很令人開心的事。

公開訊息，就不需要檢查機制

自從電腦能夠連結網路之後，不管是一對一的溝通、或是無限大對無限大的溝通都變得可能。

當然，安全管理非常重要。但是對於訊息管理太過封閉，就跟不上時代潮流。對於一個組織來說，公開訊息很重要；比起被別人知道而帶來麻煩，該知道的人不知道這個問題應該更大。

發出訊息以後，應該清楚這項訊息洩漏出去也無可厚非。所以應該一開始就應該將訊息處理好，讓訊息外漏也無妨；或者，是讓不能外漏的訊息盡可能地減少。

我不想隱藏任何事情，雖然有比較不想說的，但基本上我傾向公開所有的訊息。公開所有訊息，就不需要檢查的機制——「不隱藏」就等於「檢查」。

我的行程公開在公司內的網路上，讓所有社員知道；而且不僅誰都能看，有必要的話誰都能填寫。如果某天行程上顯示著「在東京，八點至九點空閒」，員工可以擅自幫我排行程。所以，如果我跟某人見面後又約了下次見面的時間，就必須馬上打電話回公司請員工替我填寫行程，否則會發生撞期的情形。

因為公開訊息，當我在處理重要的事情時，不可思議地就不會有任何電話。員工都知道「這個時間不能打電話」。也因為這樣，電話和簡訊、郵件會集中在事情一結束的時候。

對於社員工來說，我是公眾人物，所以我認為員工有權利知道我的一舉一動。想知道的人在想知道的時候可以知道，稱之為訊息公開。這是遵守告知的權利——我不認為有告知的「義務」，也沒有必要讓全體員工「每天查看我的行程」，這些都沒有意義。沒有隱藏，誰都能知道的事才真正有意義。

不在公司，就用手機掌控公司動向

我有兩支手機，不是為了將公私事分開，而是因為我在盛岡就一直使用的手機通訊錄已達到上限五百筆，所以我在福岡又買了新手機。現在，這兩支手機在員工心中變成我的象徵物。

大家寫給我的簡訊大多都很率直，當初我為了這件事感到非常訝異。也許是因為不用面對面，反而能夠很直率地傳達自己想傳達的訊息；而且簡訊不用顧慮許多事，就算不知道對方現在處於什麼狀況也行。

最近我接收簡訊的頻率，似乎比電話還多。不敢跟上司說的話，可以傳簡訊跟社長說，所以這個制度頗受社員的好評。

如果沒有這樣的制度，大家聚在一起可能會變成發牢騷大會。令人欣喜的是，我們公司就算員工聚在一起，也很少發牢騷。為什麼我會這麼覺得？因為很多餐飲店的員工會告訴我，貴公司的社員們來吃飯，雖然常聽到他們談論工作的事，卻很少聽他們發牢騷。這真是一件很令人開心的事。

除此之外，有許多女社員會定期寄簡訊給我。所以就算我不在公司，也對公司的事情瞭若指掌。雖然是片面的，但綜合許多簡訊的訊息，就能瞭解公司發生什麼事、還有整體的氣氛等等。

我很少接收社員的事前報告，大部分的事情都是以事後的結案報告來處理。就算是需要同意的文件，如果直屬上司可以負責的話，我也都告訴員工可以「事後」處理。每一個員工都也有這樣的認知。

簡訊也時常受理這樣的事後報告。這些簡訊都是說「我要下訂單」，而不是「請許可我下訂單」。就算用簡訊來獲得要我同意的請示書時，也都是事後的報告為多。

第三章 我要轉虧為盈了

3

讓整個企業的員工成為一體，才能同舟共濟為公司謀求最大福利！

讓員工抬頭挺胸說「我是這家公司職員」

當中內功先生還是大榮集團的董事長時，他邀請我說：「可不可以幫我處理福岡那邊的工作？」於是從一九九九年四月二十日開始，我就以副社長的身分負責大榮的福岡三大事業。

接受了福岡的事業之後，只要有絲毫的差錯，到目前為止我所做過的，也就是說我的過去，可能就會完全被否定掉。只要想到這點，接受這項工作除了風險外還是風險。雖然朋友們相當反對，但因為是直接受到中內功先生委託的關係，也只有接受了。

讓我決定的理由，是因為中內功先生是一位很有魅力的人，而他凡事也都很有條理的進行。受委託的事情只是一個引爆點，既然答應了，就必須盡全力去做，否則就對不起中內功先生了。

被稱為「福岡三項組合」的三大事業（福岡巨蛋體育館、大榮鷹職棒球隊、

Sea Hawk 海鷹飯店及休閒度假村），當時估算有負四十二億日圓的營業虧損，加上三十六億日圓得支付的利息，實質上將高達七十八億的經常虧損。要讓公司生存的話，必須盡早轉虧為盈才行。

因此，必須讓全體職員都抱有相同想法。為了能取得共識，同時又能讓公司運作，我要員工們重視以下三件事情：

第一件事，「虧損並不可恥」。

在景氣很好的時代，資產的通貨膨脹持續成長。即使飯店事業處於虧損狀態，由於資產價值上升的關係，還是非常划算；而且要建構像「福岡三項組合」那樣雄偉的設施，在當時絕對是正確的。只要建立起「過去所做的事沒有錯」的認知，員工就會輕鬆許多。

話說如此，時代已經轉變，在損益表是虧損的情況下，無法獲得新的資金，資金週轉上就會發生困難，對企業來說，這是無法接受的，營運的手法必須加以改變。「虧損並不可恥，不想改變虧損才令人感到可恥。」我要全體員工都能落實這樣的想法。

第二件事，「以身為這家公司的員工為傲」。

我呼籲大家，將公司改變成面對朋友親戚或周遭的人，也都能自傲地說「我是這家公司職員」的公司。

特別是飯店業界的工作人員，總是不太願意說出自己就職的公司，「下次請務必到我們餐廳來。」即使是這樣單純的事情，也不太容易說出口。我讓大家都很有自信地向周遭的人說出自己公司的名字。在後來，當全體員工拿著名片進行營業活動時，這件事情也有了幫助。

第三件事，「對地區社會的貢獻」。

與自己關係深遠的地區、居住所在地的風土民情脫鉤，這樣的公司無法存續下去。只要能實質地感受到公司對社區環境有所幫助，員工就會以公司為榮。

就這樣，我開始了我在福岡的工作。一九九九年年度決算較當初的預測有大幅改善，營業虧損為十一億日圓，利息支付後的經常虧損為四十八億日圓；二〇〇年會計年度獲得營業盈餘三億日圓、經常虧損為三億日圓的成果，一口氣確保了營業上的盈餘。接下來，不只是繼續維持營業的盈餘，讓這家公司在這樣的狀態下步上安定的軌道，更是重要的事情。

向員工宣示「三年後轉虧為盈」

首先，必須掌握現狀的問題。不只是我，員工也是一樣。我打算將這個事業的收支的資訊，讓員工共同分享。

然而，僅由公司提供的數字，會讓人有「是否在什麼地方動了手腳」的想法，並不容易獲得信任。因此，請往來銀行確認過後，再將福岡三大事業各自的實際收支情況向員工公布。

三大事業的收支，我知道再怎麼好也有總額將近七十八億日圓的經常虧損。其中，營業虧損四十二億日圓，利息支出為三十六億日圓；經常虧損遠高於折舊費的五十二億日圓之上，每年都必須以某種管道獲取新的資金，才能讓公司生存下去。

在這樣的現實狀況下，如何才能攤平虧損就成為很重要的事了。

首先，我很清楚地訂下期限。同時向員工宣告：「三年後要讓公司財務轉虧為盈，而且這是一定可以達成的目標。」

不論學習或是工作都是一樣，人們只要不訂下期限，就不會盡最大的努力。單單只是說「我決心學會英文」，還是不會認真學習。但是，如果老師說「要考課本的十五頁到三十頁為止所出現的新單字」，大家就會努力唸書；如果說「明天要考試」，原本今天預定的玩樂也會取消吧。人們會因為該做的事及其確定的期限而努力，也會盡力去發揮個人所擁有的能力。我想，這就是動機的來源。

但是，太過艱澀的內容，讓人覺得「我做不來」的話，就一點意義也沒有。因此，我會持續不斷地告訴他們，現在不會是理所當然，但在一、兩年之內人是會成長的，即使現在不可能做到，在不久的將來一定能做到，希望他們能放心地努力。

當然，先讓大家有小小的成功體驗是非常重要的；其次，藉由成功經驗的分享，讓大家實際去感受只要努力就做得到的感覺。

只關注自己工作，就會把公司整體忘了

人們對自己做過的事情，只要被批評是錯的，就會感到不舒服。福岡的三大事業被預估有七十八億日圓的財務虧損；遺憾的是，大多數的人都不認為是自己造成的。

一旦進了公司，可說是進到了舒適的好地方。情況不妙時，只要推說是別人的過失就能輕鬆度過。然而，如果不能把問題點視為自己因素的話，就什麼也不會改變。我從以前就認為：「過去和別人是不能改變的，可以改變的只有自己和未來。」

即使是財務虧損，福岡三大事業的每一個都是有夢想的公司。員工們各有各自的立場、各有各的想法，真的都非常努力在工作。因此，更加不會把虧損原因歸咎為自己造成的。自己很努力在工作，深信如果有虧損產生，原因一定是其他部門的怠惰、或是設備投資過大造成的。

如果想找出虧損的原因，要多少都可以說得出來。

比如說，以負責廣告看板的營業承辦人來說，相對於十億日圓的營業額，其直接成本為一百萬至兩百萬日圓，只看這部分就有很大的利益空間。然而，除非投資了大型的設備，讓更多的觀眾或加油團來到球場，利用這裡的餐廳或住宿設備後，才有刊登廣告看板的意義。大家卻都忘記了這一點，只想到為什麼只有自己在努力、是不是只有自己吃虧。只想著提升廣告看板的營業成績而努力的話，自己就會覺得像是吃虧的樣子。

或是，假設有人把花十萬日圓做出來的路邊攤位帶到福岡巨蛋球場來，每個月都賺取五十萬日圓的利潤。製作路邊攤位需要十萬元日圓，人事費用大約也只花三十萬元日圓左右，大家都會認為可以賺十萬元日圓。可是大家卻忘記了，那是因為投資了很多設備，人們才會聚集到球場來，也才會有路邊攤聚集過來。

只看自己工作的話，連這樣簡單的設想也常常會遺忘。

部門會計就是很容易產生錯誤及誤會的單位。

當然，以大榮為首、擁有流通部門的公司來說（對企業來說或許無法直接套用），每一個部門的會計是意義重大的單位。但是對福岡事業這樣的「裝置產業」來說，並不適用於那種企業組織，因為設施並未完全被活用。擁有休閒設施，以及既然擁有各式設施，以複合式的方法來競爭，會比較能夠保有優勢。根據這樣的理由，我打算廢除這個事業體利潤中心制的制度。

為提升某部門業績，讓其他部門水深火熱？

在還是利潤中心制的階段，部門間幾乎不太可能有相互協助的情況。餐廳告訴我們「住宿的營業額太少」，儘管想以五〇%的住宿折扣來進行促銷，單是住宿就是無法吸引客人前來。

於是提出「以鮑魚料理加住宿一萬三千日圓的套裝組合來賣」，餐廳方面就會抱怨「為何在住宿不理想時我們非得幫忙不可」，而且「就算幫忙，最多二至三折就已經是極限了，住宿的成本是一成，我們的成本卻有四成，所以五折是絕對不可能的」，他們說出了「極具說服力」的話。這個時候，高層的人非得要進行協調不可。

「這樣的情況下，將營業額中的一萬日圓分配給住宿部門，給餐廳部門三千日圓就可以了。雖然三千元是成本，就當做這次沒有獲利發生。」這樣告訴他們就好了。

一萬三千日圓中的三千日圓，就當做沒這筆生意。住宿部門為了提高一萬元的銷貨收入而盡力，為此，需要餐廳部門提供協助。

依餐廳方面最初意見的話，又會如何？一萬日圓加一萬日圓的商品組合共計兩萬日圓，打折後一萬三千日圓。照成本計算的話，應分配給住宿部門五千日圓，餐廳則為八千日圓。但是，販賣這項組合商品的幾乎都是住宿部門的人。

然而，在這樣的分配方式下，好不容易提升了營業額，自己只有五千日圓，對方卻有八千日圓的營業收入，造成分配的不公平。這樣一來，什麼也沒做的部門多賺了，自己的部門反而賺不到；再者，也可能受到餐廳部門「那樣的折扣價誰也會賣」的冷淡態度。一想到這裡，住宿部門的人就提不起勁。

對企畫與執行新商品的一方來說，如果沒有任何好處的話，任誰也不會想提案的。餐廳方面也是一樣，他們可以研究請住宿部門協助來招攬客人的方式。這麼一來，就形成了良性競爭了。

一般而言，從三萬日圓的營業額中賺取一萬日圓，要比由一萬五千日圓的營業額中賺取一萬日圓來得容易。

飯店是一種「裝置產業」，都是先行投資，然後都會有一筆叫做固定費的成本發生，這裡進行的「所有」工作都會加上固定費。

每一個部門的會計是獨立的話，常常只考慮到自己部門的獲利，反而錯失了最重要的地方。固定費的部分讓某個部門負擔，而其他部門只管開銷，然後就可以提高獲利的話，就有挑戰的價值。利潤中心制的話，就無法做這樣的努力。

如果是以定價販售的話，各部門的會計就能處理。但在折扣的情況下，某些部門就會受到影響。對於銷售部門盡可能以接近售價來做分配，協力的部門則以接近成本的價格對應。也就是說，要他們像柴魚般成為熬高湯的配料，讓原本想販售的商品能全力完成目標。當然，必須要使用到設施中的遊憩部分。然而，各部門會計獨立的利潤中心制下，是無法建立跨越全公司的合作關係的。

現在，日本多數的公司都為設備投資、庫存及人力的剩餘而困擾。對飯店或巨蛋球場來說，設備的投資也就是它的商品，如果賣不出去那就麻煩了。賣不出去的時候，就必須透過有效的運用，讓它更有活力。如果固定費用的剩餘是問題的話，就必須要設法將它轉為變動費用。這樣的努力，如果無法除去利潤中心制的話是不可能做到的。

虧損不可恥，不思改進才可恥

大多數交易都是變動費用大於固定費用，福岡三大事業的情況卻正好相反。由於投資了一千七百億日圓建設豪華的設施，固定費用的負擔非常龐大。

長期以來，日本經濟持續成長，資產價值也跟著上揚。即使製作大型設備，它可以隨時間經過而吸收掉固定費用，形成帳外資產。對創造資產來說，那是一個非常好的時代。

就算到目前為止，飯店的營運仍是虧損狀態，它的帳外資產卻年年增加。假設我們投資了一百億日圓去建造飯店好了。一年以後，競爭對手如果跟進在鄰近土地上建設相同規模的飯店，就必須要有一百二十億、一百五十億的資金才行。即使營運上是虧損，先進行大型投資的人會比較有利。虧損的部分，在資本收益上賺回來就可以了。

還有，由於在經濟景氣良好時的通貨膨脹，一年平均會增加七％的住宿營收及宴會營收。就算現在是虧損狀態，七、八年後，自然收益的內容就會完整。管理比經營更需要確實地進行，以提高身分和地位。如此一來，收益就會大幅提升。

大榮集團在正式進入九州市場前，也考慮到同樣事情。因為不想讓九州人蒙羞，希望他們都有自信，打算差不多在十五年後，單一年度的財務能轉虧為盈就可以了。之後，到處建設了別人無法仿效的豪華設施。一旦硬體設施建設完成，就不太可能去改變它。因此在工作角度來說，通常會希望把它建設成能讓周邊社會健全的設施吧。

那樣的想法本身並沒有錯。但是，情況卻起了很大的變化。至目前為止，只要在十五年左右，「虧損是理所當然的」，這樣的想法，隨著環境的改變，已經無法適用。接下來的時代，為了生存必須經常維持收支平衡。也就是說，不去修正虧損是件可恥的事情。

這裡有件必須注意的事情：像我一樣新加入經營團隊的人，往往會過於表現自己的想法是正確的，然後，想要除去不正確的事物，延伸正確的事物。

因為「不正確」及過去的工作而被否定的人們，就會變得沒有幹勁。這對企業組織來說，將是非常負面的情況。

我向員工們說明，目前為止的時代背景及那樣環境下，福岡三大事業的投資與營運正確性。接著，我說未來的想法應該是「虧損並不可恥。可恥的是不去修正虧損」。

與員工共同擁有這樣的共識，是非常重要的事情。

蒙羞會讓人感到遺憾。一面將遺憾的事拋開，一面思考如何才能真正的改善。這樣一來，即使對過去工作很自傲的員工也能理解，如果想要把全部的員工拉進來，希望組織形態朝向同一個方向努力的話，那麼，我認為否定過去是一件錯誤的事情。

世上到處充滿「正確的事物」，正確的事物就是要重視客觀性。一個需要有勇氣去發現重要的事物，考驗我們摒棄目前為止被認為是正確的某些事物，重要的就是要有自己的想法。

以插花為例或許比較容易了解。花朵雖然美麗，全部放入花瓶中，那就不算是插花。不受眾多花朵的美麗所迷惑，一開始就找出停留在自己內心的枝葉，並將它放在中心。即使任何好看的東西，只要無助於美麗的，都必須視為虛飾而移除。

插花的文化，正是去蕪存菁的寫照。在野外盛開的花、或是人工培育的花朵，全都是有生命的。如果考慮到摘除這件事，就必須將收集的花朵控制在最少的限度內。先浮現一定程度的視覺影像，然後，再去收集那些花卉素材。因為使用的是有生命的東西，一點也不能浪費它，殘缺的花朵也是活生生的東西，如果不能懷有這樣的想法，就無法向別人傳達花卉美麗的真正意涵。

商業的世界也是一樣。因此，鎖定重要的事物，對於無助於這項重要的事物的「正確的事物」，都要有勇氣去捨棄它。

重視獲利「絕對值」而非獲利「率」

商社對於營收、獲利的絕對額、或是員工一個人獲利的絕對額非常重視。假設進貨價九十九日圓的商品，以一百日圓賣出，對零售業來說，在這樣低的獲利率，肯定會虧損。批發業的商社來說，即使是一％的毛利率，只要大量處理的話，就是一項可觀的生意；就算佣金只有一日圓的獲利，這樣的交易也能確實帶來充分利潤。

飯店也是一樣，它應該重視的是獲利的絕對額而不是獲利率。以飯店的情況來說，單只是住宿的情形來看獲利率最高。相對於銷貨收入的直接成本是一〇％到一五％，扣除直接成本後的獲利率是八五％到九〇％。然而，僅僅是住宿的話，獲利的絕對額是無法提高的。

飯店是一種裝置產業，這點和製造業相同，因此我用與製造業相同的思緒來思考。因為裝置產業必須花費龐大的固定費用，如果不能讓變動費用降低的話就無法成立。這種製造業的模式，以成本率或勞動率為中心的方式，飯店也曾模仿過。

但是，與其模仿製造業，我反而主張應向商社或流通業、資訊產業學習會比較合適。過去，曾經有人提倡飯店商社化的想法，就是飯店業必須要有商社的思考方式，並不是用乘法、除法，而是要用加法、減法來思考經營的方式。

以先前的思考方式的來說，只要房客在飯店用餐獲利「率」就會降低，但是相對地，它的獲利「絕對額」卻會增加。餐廳的直接成本率在三五％上下的關係，雖然整體獲利率會因此壓下來，隨著餐廳的使用，獲利的絕對額就會提高。房客只要買了紀念品，獲利率會更往下掉，但獲利的絕對額還會增加。因為住宿以外的「附加價值」，全部都是比住宿的獲利率更低、成本更高的東西。

幾乎所有的飯店都和製造業一樣盡可能提高獲利率，事實上，不應該去計較它的比率。

假設飯店的餐廳晚餐上端出哈密瓜時，以成本率三五％來賣它。午餐或早餐因為沒有人會吃那麼貴的哈密瓜，大多數餐廳一開始都不會準備它。然而某些場合，在早餐時將成本率改為七成的話，就算是高價的哈密瓜也有可能賣得掉。成本率提高的關係，獲利率或許會下滑，但獲利的絕對額卻會上升。

關於商社的經營還有一點值得注意，就是用「加點法」來評價一個人。加點法的評價方式，或許和重視獲利的絕對額有關連。「減點法」因為不容許失敗或錯誤的關係，無法很果斷地工作。失敗的經驗越多，人反而越會成長。為此，建構一個不擔心失敗的環境是不可欠缺的。

讓員工成為榮辱與共的生命共同體

接觸到球團的經營是從一九九九年開始的。那個時候，福岡大榮鷹隊排名第五，從我接手之後，馬上竄升到第一名。我常驕傲地說：「我的運氣很好，說不定大榮鷹隊會優勝呢！」

但是誰也沒有認真過，大家都參考著過去的經驗。常有人告訴我說：「高塚先生你還不知道內情，所以才會那樣說，大榮鷹隊就像是『五木的搖籃曲』一樣的球隊。」我問說是什麼意思，他們回答說：「中元節之後就不在了。」意思是說，就算到中元節為止狀況都還不錯，結果快到優勝的時候，卻永遠落到B級組。

連員工都那樣想的話，觀眾怎麼可能會增加？職棒的球賽入場券賣不好，就算是長期不景氣的關係，也不是人人都把錢都花到行動電話費上，而是因為大家對客人到福岡巨蛋球場來沒有足夠的自信和自傲吧。

賣了票，即使客人來到球場之後，心裡還是有「輸了的話會很難看」的想法作崇，因此就不會盡力去賣票。

職業棒球的球隊一年要打一百四十場比賽，八十四場勝的話就優勝，五十六場勝的話就落到最後一名。雖然不是每次比賽都會贏，球隊總是在八十四勝和五十六勝之間完成勝利的目標。有獲勝的時候，也就有輸球的時候。對於這樣理所當然的事情，我想讓當地人能對球隊抱持著更多的關心，也就是要大家都建立起「贏球時很高興，輸球時很氣憤」的心情。

輸球的時候，任何鋪張的活動也不做；但是贏球的時候放煙火、將福岡巨蛋球場的屋頂全開。一項稱之為「贏球的企畫」，在當地商店街上提供像是招待一瓶免費啤酒等的優惠。

正如我所預言的一樣，大榮鷹隊在一九九九年獲得優勝；接著，在次年二〇〇〇年又達成連霸的目標。在一九九九年時，觀眾動員總數為二百三十九萬人次，二〇〇〇年為二百七十九萬人次，到了二〇〇一年時更突破大關，成長到三百零九萬人次。

這項觀眾動員數，成為太平洋聯盟的新紀錄。同時，除了讀賣巨人隊之外，大榮鷹隊是第一個實現了超過三百萬人次的觀眾動員的球隊。這裡提供一項參考資料，除了讀賣巨人隊之外，中央聯盟五個球隊的平均觀眾動員人數為一百二十六萬人次；除了大榮鷹隊之外，太平洋聯盟的五個球隊的平均觀眾動員人數為九十八萬人次。

現在，只要大榮鷹隊獲勝的話，街道上就會熱鬧的舉辦慶祝儀式。大榮鷹隊對當地來說，我確信已經成為不可欠缺的球隊。

改掉差別待遇的壞制度

到福岡來工作，剛開始時在工作現場的感覺是「公司內部好像不流暢」。從大榮總公司派任過來的人，以及當地錄用的員工、受託員工加上工讀生，他們之間都存在有代溝。我交代的事情，就算員工知道，受託員工不知道的情況也經常發生。

在待遇方面，也可以看出有很大的差距。與公司業績或是個人努力沒有關係，大榮組的職員是依據大榮總公司升級考試決定的等級，待遇也是取決於等級。大榮組的待遇較高，地方採用的人則被壓得很低。

我決定一次把這種情形解決掉，就算被怨恨或是怎麼樣，我認為這裡一定要清清楚楚的。如果要實行，就必須一氣呵成地把它做好。

我開始負責福岡的事業是在一九九九年四月，並在那一年六月夏季獎賞查核時進行了改革。這麼做絕對不算早，員工們早就期待這樣的改革了。以前大榮的薪資制度和國家公務員的等級制度相同，「什麼樣的職等就給予什麼樣的俸祿」，有其全國統一的基準，升級待遇也依據「什麼樣的俸祿是在多少到多少的範圍」決定的，而且是依部門不同來執行的。同樣等級之中也以出現率來決定，「A是百分之多少、B是百分之多少、C是百分之多少」，完全採用大榮的規定。

我認為這是問題的所在，理由有二：

其一，很努力的部門和不努力的部門，在現存制度下，都依同樣比率來決定升遷的待遇。如此一來，優秀的領導者帶領大家讓部門努力的意義就沒有了；而且，協助其他部門時，幫忙的人也會變成自己部門的背叛者。

還有一點，長期在此工作的員工調薪率很高。極端地來說，就是像$y=x$二次方的薪資曲線。這是一個不容易調薪的時代，對年輕人或是薪資水準低的人來說，更不容易追上他們了。

一千萬日圓的一成是一百萬日圓，一百萬日圓的一成是十萬日圓。即使調薪率相同，薪資低的人調薪金額自然就會變得比較少。甚至，因為待遇多的人比率高，待遇少的人比率低，中間的差距就更大了。這樣的制度，怎麼也無法容許它存在。

首先，我將數據公開。相對於總銷貨收入，人事費的比率絕對不算高。將人事費總額以員工人數來除的話，就可算出一個人平均數值。有受託員工的關係，高低不同，大榮組的待遇遠遠高出平均值很多。

我繼續說下去：「今後將是薪資不做調漲的時代。比方說，五十歲時最後待遇的落點為七百萬日圓左右的話，七百萬日圓以上的人就是領得太多，相反地在那以下的人就必須要提高。領到初次薪資的新進員工，照現在的調薪水準，四十歲、五十歲的時候，可以領到多少薪資？試著計算看看，大概就知道以你現在所領的薪資，是怎麼也追不上吧。所以必須竭盡精力讓高收入的人能自重，並把下位者的薪資提升上來。」

當時，對於我的提案，幹部多少有些不滿的情緒，但現場的人卻支持這樣的想法。最初也受到人事部門或工會的反彈，但我告訴他們：「只要這個制度持續下去，在下位的人就沒救了。提升在現場努力的人們或年輕人的待遇，讓他們對未來都能懷有夢想。因此，照現在的制度是有問題的。」那樣的評價制度終於得以修改。

問題是，薪資的差距根據身分而定，並不是員工的關係，而是目前為止的規定不好。因此，我們改變了規定。

我對從大榮總公司派任過來的人這麼說：「接下來，我們將採取和當地任用員工相同待遇的體制。想維持大榮員工既得權利的人，請回大榮總公司去吧。只要留在這裡，就必須要配合這裡的標準。要選擇哪一種方式，就交給你們自己去決定。不管選哪一種方式，都是正確的決定，所以請安心的選出你們喜歡的方式。」

因為並非要大家馬上做出決定，我們設了半年左右的考量期。當時，派任組的有大約一百八十人，其中，幹部幾乎都是派任組的人。

半年之後，選擇回大榮總公司的人約有三分之一，另外三分之二則在福岡事業裡留下來。但是還是有人在選擇回大榮總公司之後，最近重新思考後還想到福岡來工作。他們在社會大環境體驗過後，終於瞭解這裡工作職場的優點吧。這樣的人，基本上我還是覺得可以接受他們的。

優先錄取優秀工讀生為正式員工

不論是新進員工或是工讀生，我們不斷地給予優秀的人才機會。在當時，這樣的想法仍然受到相當的抗拒。他們認為，儲備職員做了五年、或是工讀生做了六年的人也大有人在，為什麼才剛做了三個月的工讀生就可以成為正式職員。

當然，有人覺得一直當工讀生也沒關係。我也並不是認為當工讀生就不好，有想讀書的學生、也有想將學習有興趣事物和工作兼顧的人；還有些人在別的地方有正職工作，為了維持本業而選擇當工讀生的——那都是個人的自由。

可是，以成為員工為目標的優秀人才，一直都在做工讀生工作的話，最後不得已只好到別的地方去。不能以工作期間的長短來評價一個工讀生，我認為只要覺得優秀，就可以晉級錄用為公司的員工。

對於剛畢業的高中生和大學生，我們依面試的程度決定任用與否。想成為正式職員的工讀生、或是希望轉職的人，因為是中途進公司，便加諸相當嚴苛的條件，這樣的思考方式不算公平。

以工讀生來說，他們的工作狀況就算要觀察一個月也沒問題。與只能靠面談來判斷的畢業生任用制度相較，判斷的精準度要高出許多。那樣的結果，優秀的人才也會變得比較容易任用。

在這樣的考量下，我將許多人才從工讀生錄用為正式員工。我剛到福岡的時候，似乎有許多人認為我是「預算的劊子手」，會為了改善財務收支，不惜做出削減人事費、將員工革職的事情。對於這些戰戰兢兢看著我的人，將工讀生提拔為正式員工的舉止讓他們非常驚訝。

其實，這樣的事情並不值得大驚小怪。在飯店事業裡，只要稍微做一點設備上的投資，就要花上數億、數十億日圓的資金，與其相比，人事費用的增加只是九年一毛。八百人的薪資，每個月各提高一萬日圓，也只有八百萬日圓而已，一年下來並不會構成什麼大問題。如果以此能換得員工的熱情和工作的情緒，那算是便宜的了。

再者，我支付給優秀工讀生與正職員工同等的二十萬、三十萬日圓的獎金。在各自的崗位上對公司做出貢獻，這點工讀生和員工之間並無不同。因此，我認為對於他們的貢獻應該要好好地回報才對。

在提撥發獎金之後，收到數十封來自員工及工讀生的郵件，都是「謝謝您的獎金」之類的郵件；「接下來還會更加努力」這樣的決心，也明白地在信裡表現出來。看到那樣的郵件，讓我感到非常高興。

公司再困難，都要網羅應屆畢業生

年輕人將為今後的日本背負起重大責任。

到目前為止，對於調薪制度的想法，剛開始時都是慢慢增加上來，但多數公司的步調卻是緩慢的；中高齡以後，曲線卻變得陡峭起來。說得嚴重些，就是 $y = x$ 二次方的曲線。

其實不該是那樣，我認為今後會變成 $y = \sqrt{x}$ 的曲線。

然後，除此之外，很努力的人還應該領有相符的薪資才行；而且要視情況而定，立刻提升為副主任也沒關係。

實際上，在海鷹飯店裡，有進公司第二到第三年的女性職員，超越好幾位前輩當上副主任的。

遺憾的是，在經濟不景氣下的日本，年輕人不見得受到重視，組織因而硬化。

為了不變成那樣，持續任用新進畢業生，讓公司的組織活化有其必要性。

對年輕人來說，他們也需要有後輩的人。

公司的狀況再怎麼艱難，還是要任用新人，那是一個公司對社會的責任。如果不任用新進畢業生，將會剝奪那些社會新鮮人僅僅一次「應屆畢業」的機會。而且，年輕人的薪資並不會高到影響公司的經營吧。

只跟「自己賽跑」，未來大有可為

要評估一個人的工作表現是一件困難的事。我並不是用員工的能力與業績來評分，而是依照對方能力與業績的「上進心」來加以考量。

如果採用前者的評估標準，假設給分的基準為十，那麼或許就有十五個人會覺得「如果是這樣打分數，就算了」，而變得不想去努力。現在或許就有三或四個人心裡想著，「即使再怎麼努力也沒有用」，於是就變得不想努力了。

但是，如果用上進心的尺度來看，好好地評估，原先被評定為二的人就會變成三，而十的人也變成十一，對工作上的作業方式，也將有所變化。

能力雖然並非一朝一夕就可以改變，面對這種情況，我們卻可以將員工改造成「幹勁從明天開始就會變得很不一樣」。現在是一個重視速效的時代，評估的尺度也必須要使用速效的方式來應對才行；正因為如此，評估時的重點就是態度，要看對方做事時對工作的投入程度。如果員工能確實投入工作，將會出現應有的成果。

評估標準的關鍵就在於，對於員工在工作時的投入程度是否看得出來。

關於給薪的標準，我的看法是「最佳適當值」。雖然會比照區域性的生活水準來判斷，但是個人覺得還是給予員工較優渥的薪資比較好。或許這稱不上是最佳論點，甚至還有些賺取暴利的公司會出現批評的反對言論，但是對於經營公司需要「適當的正常利潤」這個觀點而言，給予員工的薪資不能過高也不可以過少。

每當錄取了員工，經營者就必須考慮到對方是否能在這個環境裡好好地過生活。這不需要跟其他區域相比，最重要的標準就是，員工是否能夠在這個環境中過好自己的生活。所以這個區域的生活水準就等於最佳的薪資標準值。總之，就一個經營者而言，最重要的就是要保持「給員工多一點也好，公司給薪原則屬於高標準」的經營心態。

當我們評估「區域性」與「最佳適當值」之間的關係時，不可以只跟同行的其他公司比較，應該要將其他行業的標準都考慮進來。基於上述原因，請參考當地工商協會發表的優良企業給薪標準，再決定出公司薪資標準的「最佳適當值」。

舉例來說，如果降低Sea Hawk飯店的員工薪資，雖然短期間將會增加利益，但是卻無法長期出現這種利益，因為員工喪失了工作原動力。

雖然經營環境確實變得很嚴苛，但是如果公司給員工的薪資比這個地區的生活水平還低很多，公司才能得以經營下去。我覺得這間公司應該要倒閉才對，因為有員工才有公司。

就「企業」而言，如同字面代表的意思就是「留住人員的行業」。如果需要犧牲員工來成就公司，那麼為何要成立這家公司?提高員工的工作動機，讓他們在職場中得以發揮，重點就是，要讓員工覺得在這家公司工作真棒，能讓許多員工都這麼想的話就很好了。畢竟，公司絕對不是老闆一人專屬。

廢止每月盤點

對於這間公司從以前到現在的工作方式，個人注意到了幾個地方。其中最常見的地方，就是製作精細的資料。

資深員工總是黏在桌上和計算機乾瞪眼。在顧客流量多、最忙碌的時間點，為何看不到領班？當詢問「為何不在」的時候，總是得到下面的回覆：「如果不在今天完成資料，明天的報告將來不及。」這已經變成理所當然的理由了。然後，各部門的領班總是只報告自己負責部分的數字，接著說出「達成目標」之類的話。因為沒有人會保護自己，大家關心的焦點便自然集中在自己想保護的東西上面。

即使領班再怎麼樣去計算，大不了都是「調來一根胡蘿蔔」之類的統計數字。縱然這些細微的統計數字到最後是正確的，也給人斤斤計較的感覺。因為印象中他們為了讓自己部門的數字不要太糟糕，全都拚命地在核算著數字。

像這種為了數字而去核算數字的情況，請馬上停止。因為只有對日常業務集中心力後，結果產出的數字才最重要。

另外，我們也廢止了每月的倉庫盤點，因為盤點需要花很多時間，但卻沒有任何意義。每當東西販賣出去，總會產生短少的情況，只要徹底執行「購買當時就要補貨」的概念即可。過去那種「用完的當時才去補貨」的觀念，絕對是一種很奇怪的想法。

舉例來說，某部門訂購十個商品，但是只用了八個，那麼只發生了這八個的成本。對於剩下的兩個，在沒有用到的情況下無法反映出成本。如果買了價格高的東西，為了降低成本率，就不使用它而保管起來。如此下來，沒有使用而殘留下來的庫存品，變得無法區分誰該對這些商品負責任了。

如果徹底實施「購買的當時就要補貨」、「銷售的同時創造佳績」的結果，最後在決算之際，堆積至今的庫存品就能獲得改善。為了每月的決算，與其整理庫存品，不如好好地記下自己購買了哪些東西更為重要。

越接近月底，為了不要讓收支出現不理想的狀況，請盡快將購入的產品變成商品，如此一來，當月的收支就一定能夠好轉起來。在這個理論下，庫存品必定會變得比較少。順便一提，已經購入的那些堆放最多的庫存品，成本幾乎等於設備投資的費用。如果善於使用這些產品，將會有效地提高銷售上的業績與利益。

還有就是會出現無法簽帳的規定。當我因為出差要投宿飯店之際，我想先簽名再請飯店隨後將請款單送到公司，但是Sea Hawk飯店卻無法這麼做。因為飯店規定，客人支付帳款只能使用現金或信用卡。

但是，這樣子就會出現客人如果想要簽帳卻無法如願的困擾。當時處理結果是對方私下讓我簽帳，雖然明文規定禁止簽帳，卻還是會為了因應現場狀況而發生違反規定的情形。因此，要視現場狀況下判斷，否則一旦僵持不下就會發生大問題，所以遵照那些規則辦理完全沒有任何的意義。

全員「兩億」，不如個人「二十萬」

很多的公司都將業績成長設定為二%、五%這個目標。然而，要成長到二%這個數字，是一個困難的目標嗎？

整體營業額一百億日圓的公司，不應該去思考要如何成長兩億日圓。因為如果將這個「兩億日圓」的目標直接丟給全體員工負擔，會造成員工之間的混亂。

所以建議，應該對銷售業績可以達一千萬日圓的員工提出要求：「無論如何請再下點工夫、提高二十萬日圓的業績。對於達成這個目標，我可以從旁協助你！請善用尚未被人使用、卻花很多固定費用的設備，再針對自己的商品先下工夫重組整合一下，然後對客戶提案，如何呢？」

對於公司內部的進貨方式，可分為服務方面的進貨與物品方面的進貨。由於公司內部將會購入各式各樣的物品，所以請針對如何從一千萬日圓的數字增加到一千零二十萬日圓，想出一套能輕鬆達成又愉快的方法。

舉例來說，如果是下列的方法，或許餐廳部門就可以主動提出這項服務。

「對於已經預約餐廳的訂房客人，櫃檯人員可以對他們說：『先生，讓您久等了。我們的篠原（餐廳的負責窗口）為了歡迎您的光臨，已經在Primavera餐廳準備好精美餐點招待您。』」

由於聽取了上述的意見，我就提出了以下的相關建議。

「知道了，就請準備相關的事宜吧！但是為了讓業績更好，你也要努力讓客人喜歡櫃檯的服務喔！櫃檯也是必須每天都要有人負責處理事務，工作辛苦，如果不能甘之如飴地工作是不行的哦！大約一週一次，請到櫃台露臉、對他們表示『感謝你們，一直以來都在協助餐廳的相關業務』、『謝謝你們，之前也幫忙招呼客人，這位客人因為櫃檯人員貼心的對應而感到很高興』……，一定要這樣子對櫃檯人員表示感謝的心意。」

如此一來，對櫃檯人員協助的相關需求，也可以將其列入公司內部的一種服務了！這就是我所提議的「固定費用的變動費用化」。

沒有員工姓名的組織表沒有意義

令人訝異的是，福岡三事業的每個公司竟然沒有組織表，於是沒有人可以掌握整個組織的狀況。所以我請他們先將組織圖做出來。

然而，當我提出「請給我看完成的組織表」時，只看到組織表上面打出部門的名字，卻幾乎沒有寫出人名。圖表上雖然有出現課長、領班等人的姓名，字體卻小到幾乎看不見。

當我詢問「為什麼不寫出其他人的名字」的時候，對方竟然回應「因為人員變動頻繁」、「會發生異動的情況」之類的答覆。

當我追問：「人員的異動真的是這麼頻繁嗎？」他們就發出「嗯～」的聲音來回應。

於是我請他們將公司的全體員工，隸屬於哪個單位、其中有哪些成員全都記錄在組織表上。

我覺得最重要的是記住員工的長相，而不是認得名片上的姓名，所以必須將公司全體員工的姓名列入組織表裡面。

大約有四十到六十位主管記不住自己部屬的名字，或者是只記得自己部門人員的姓名，但是到了隔壁部門反而變得搞不清楚誰是誰了。會出現這種情況，或許就顯示管理者對於員工的關懷程度還不夠深入。

做主管的人因為深怕如果帳款不合就會惹總公司生氣，所以對於這方面的事情就調查得格外仔細。反之，如果跟此事無關，就開始虛應故事，這根本就像政府機關的辦事態度一樣。

每個人即使全力以赴地工作，也只是為了怕主管生氣而對這一類的工作特別努力而已。

到底是誰要為哪些事情而工作？

如果能夠看清楚這個簡單的真相，就可以只要配合原本的目的開始去實行即可，每個人的工作意識也將隨之改變。原來的目的是要讓客人感到高興，但是在不知不覺間卻為了處理管理的相關事務費心力。

其他部門的部屬到底在做什麼事？那個人負責哪些工作？這些都可以在記載著名字的組織表中，找到志同道合的同事。如果只靠記載著簡化的人事資料與部門名稱，將無法看清楚最重要的地方。

跨部門聚餐可以消除隔閡

當組織變得越來越大，在不知不覺之間就會開始產生派系問題。依福岡三事業有八百人規模的情況來看，各組織之間應該已經產生了隔閡。

大多數公司無法解決這個問題的原因在於，他們只將問題浮上檯面而已。如果想要真正解決它，應該要立即更動、調整人事才對。換句話說，在舉行活動或是特賣促銷活動之際，從各個部門裡挑出一位負責人。或許這個做法會有人因為抗拒而發出「沒有時間參加」的聲音。但是對公司而言，如果這是相當重要的事情，即使不想參加也不行吧。

有很多方法可以消除組織間的隔閡，中午聚餐就是一個好方法。不管是哪一間公司，想必其中的情況應該都很類似。只要中午會一起聚餐的員工，彼此之間將會逐漸演變成好同事的穩定關係。

在這裡，我大力推薦各部門的員工一起結伴吃午餐，如果不說出這件事，想必任誰也不會加以實行吧。如同我上述所說的，請大家務必身體力行這個行動，像我自己也曾經與各個部門的同事一起聚餐。

我會特意安排一個月一次和某些部門的同事一起吃飯。做主管的人總是會清楚誰比較有空，假如可以將負責日式、西式與宴會的三位工作人員一起邀來聚餐，主管就可以開始消除他們彼此之間的隔閡。不論是男同事或女同事，也可以讓幾位男女員工一起相約吃飯。假使想要增加員工之間互相交流的機會，請先從中午聚餐開始著手實行。

即使身處於同一家公司，員工彼此或許還不太熟悉，初次見面的時候就會變得不知該聊哪些事情。

正因為如此，我在最初的階段就以安田……等領班為中心，開始發動員工中午聚餐或是早餐聚會。然後，自從員工本身習慣了聚餐之後，同事們就會開始自行聚會吃飯了。

等到這種狀況持續了一陣子，員工彼此之間自然就有話題可以聊天。而且在交換各種話題的情況下，就能找出自己煩惱的地方與自己部門的問題點。

總而言之，不管是透過哪個部門的協助，或許就可以找出問題的癥結，進而加以解決。

如果靠我一個人的經驗開始發號施令「這裡應該要這麼做」、「那裡需要再多做一點」，如此一來只會惹得眾人厭惡；不如交給最懂現場狀況的人，讓他提供自己的經驗，這才是最重要的。為了達到這個目的，所以才要使用一些方法，讓員工一起在中午聚餐或者共進早餐。

但是提到中午的用餐時間，每個部門都因為工作上的關係，在時間上多少會產生落差。因為需要有充分的時間才可以進行餐會，關於這一點，身邊的同事都會盡力地協助我。每當碰到午餐聚會，如果員工們因為聊天聊到忘我的地步，也可以晚個十五或二十分鐘左右再回到工作崗位上班。這就讓員工產生了共識，認為同事間互相溝通也是一件正當的工作。

其實中午聚餐從某個角度來看，感覺上也像在休息時間讓員工做事，所以晚了二十分左右才上班其實也可以接受。因為所謂的工作，並不是只在規定的時間裡固守工作崗位如此而已。

當然我們不會對員工說出「請在中午聚餐裡討論工作的話題」，讓他們自行談論想聊的話題就好了。只要這麼做，部門之間的連絡、溝通都能夠順利地進行下去。接下來，工作上面自然就會出現互相協助的機能了。

第四章　一個不同發想就可能救了公司

大家的點子都不藏私，就能把整個公司的營運帶起來。

連一%的人也要誠心接納

過去追求的是物質富庶，往後的時代必須做到讓每個人內在感到富裕，因此重要的是，不再一味探索大多數人認為正確的事情了，真正要去思考的是，如何開創讓一%或二%的人打從心底信服的環境。

離福岡市中心搭計程車約莫二十分鐘距離的Sea Hawk Hotel，二十分鐘的車程距離，對東京或大阪人而言倒不算是太遠。

然而卻有不少Sea Hawk Hotel職員認為：「Sea Hawk Hotel離市中心那麼遠，一定招不到什麼生意的。」如何改善這樣的困境？有人想出了這樣的辦法，請每位職員負責每天對十位計程車司機說：「客人常跟我們說，計程車司機推薦我們，既然專程來到福岡，還投宿和東京、大阪一樣五星級飯店的話，實在太可惜了，偶爾換個口味，投宿在看得到海灘的都市飯店也挺不賴，Sea Hawk Hotel只離市中心十五、二十分鐘，就能享受與一般都市飯店不同的樂趣。真多虧司機大哥您的推薦，實在太感謝了。」

那些從未如此說過的計程車司機被這麼一說，反而會感到不好意思自己沒這樣推薦客人。

接下來，再規定每天分別讓十位飯店職員對三十位計程車司機說：「Sea Hawk Hotel可以眺望玄界海灘，很美呢！」這樣算起來，一天就有三百位司機先生接受到這樣的訊息，持續一年就可以累積到一萬人，若請一百位職員幫忙的話，這樣的力量有多大？可想而知了吧！舉出具體數字，並以此為目標持續下去。

對計程車司機而言，都想能盡量載客人到較遠的地方，但那樣的話卻難以說出口，如果每天都聽飯店的人這樣說，計程車司機也不會感到不好意思，自然而然就能對乘客脫口而出。

雖然說這種方式過於牽強，但只要付諸行動，必能產生任何的可能性。

有不少計程車司機聽客人一說「Sea Hawk Hotel太遠了」，便立刻沉默不語、不知如何是好，或許他們可以換個說法：「我帶您去一個看得到日本海美麗夕陽的飯店。」這保證能讓很多客人欣然接受，其實只要稍稍改變想法，就能解決問題。

當中最重要的，莫過於只要有一%的人能被說服，就算成功了一半。每年約有七千七百四十四萬的觀光客蒞臨福岡，當中的一%就是七十七萬人，這七十七萬人當中只要有一成的旅客能被說服投宿飯店，就高達七萬人。以前Sea Hawk Hotel只有四十五萬投宿客，用了這方法後，投宿人數增至五十三萬。這不過是一例罷了，只要持續使用此方法，投宿人次就能不斷成長。

在商業的世界裡，並非五〇%以上的人認為正確的事情才是對的，應該要鎖定客層及範圍，只要一%、二%就夠，只要吸引認同的客層即可。

「歡迎再度光臨」是要「帶其他客人光臨」

縱使說有固定客源，這些固定客源也絕非一來再來，縱然提供再好的商品也不過如此。因為這世上好的商品、好的服務在實在太多了，而且客人能使用時間成本和金錢成本也是有限，「歡迎再度光臨」的意思並非要同樣的人一而再、再而三地前來光臨，而是要實際體驗過後的客人覺得好，並傳給其他人知道，或帶其他人前來光顧，這樣反覆性才會高，藉由客人口耳相傳才是在這資訊化時代所謂「歡迎再度光臨」的意思吧。

對大多數的棒球隊而言，穩住客源非常的重要，縱使有不少狂熱的球迷一年來看幾十次的球賽，若只專注投資這些球迷身上的話，是成不了商業氣候的，球隊強盛的時候勉強有不少的商機，衰退時難保不被遺棄的命運，更遑論經營了，球隊獲勝對商機的確有相當助益，但獲勝之事並非永恆，重要的是要如何持續經營。

讓我們再把話題轉回福岡，福岡縣擁有五百萬人，要如何做到「歡迎再度光臨」呢？

光只要這五百萬人之中有一%的人想看大榮鷹球賽，就有五萬個人有可能會到球場觀看球賽，球場座位數也不過四萬八千多位，因此只要有一%的人前來就可能塞爆球場。

關鍵在「棒球對一般縣民而言到底滲透到什麼地步」，球賽對福岡縣民而言是一件重要的事，例如，有不少餐飲店及商家推出了「大榮鷹隊獲勝的話，免費贈送烤雞肉串一支、啤酒一罐」等活動來吸引客人，這種以獲勝為名義，促進商機的方式，還有在當地各處張貼海報、讓更多的當地人更加熟悉。

棒球賽一年有一百四十回合，如前所述，唯有八十四勝才算獲勝，低於五十六以下就是墊底，獲勝數之差對球隊有相當大影響，但對商家而言，每一場球賽都是商機。

以前只要哪一家商店使用了大榮鷹的標誌，就得支付版權費，現在卻不再收取版權費，採取自由使用之策，促使大榮鷹曝光機率大大提升之外，更引起當地居民的關心。

失去版權費的收入的確是不小損失，因為球團五十億日圓的收入當中，版權收入就佔了五億日圓，如果正巧又碰上日本職棒總冠軍賽，版權收入又更可觀，且版權收入幾乎不需任何成本，對球團而言是唯一可以大大獲益的收入來源。

仔細想想，這卻不是提升整體利益的方式，我認為應該關心的是，莫過於當地的客人是否打從心底喜歡大榮鷹，因為喜歡而親自赴球場為大榮鷹加油打氣，這才是真正的營業收入來源。

失去五億日圓的確令人痛心，只要換個角度想，這不過是事前投資罷了，投資於一年將有三百多萬人以上的球迷到球場為球隊加油，以投資的角度思考的話就能明白了吧。大榮鷹成了最能自豪每年動員三百一十萬人觀賽球迷，深受當地人喜愛的球隊，也因此球場的廣告看板大增，這廣告看板不僅是企業、商品最直接有ＰＲ（公關）效果的方式，甚至讓親自赴球場加油的球迷們看到自己公司的廣告看板並同感驕傲。

「貴賓券」一定要全數賣完

大榮鷹打出了「打倒西武」的口號。

棒球界的常識而言，每支球團都會視某一特定球團為敵，這次卻是光明正大地打出口號，還是頭一遭。我看來「打倒西武」的宣傳口號，一定是為了促銷「貴賓券」。

打從以前福岡就一直是西武獅的老本營，本來就是對西武獅有高度興趣，大榮鷹卻沒贏過西武獅一場，這次卻膽敢將西武獅視為敵手，肯定另有意圖。

「貴賓券」有一定的價值，為使對西武一戰能達到座無虛席，把票分發給一萬位最重要的球迷，「這是場座無虛席的精彩球賽，如果您無法親臨現場為球隊加油，請把此票轉送給其他人，相信收到您轉送票的親朋好友，他們一定也會很高興，千萬別浪費了喔！如果真的沒有人可以參加，請把票退還給我，因為這張票即使到了當天也是絕對賣得掉的『貴賓券』！」任誰收到這貴賓券都會覺得很開心，我們就是用這種「這是貴賓券」口耳相傳的方式向一萬人宣傳，結果真如預測，那是一場座無虛席的球賽，可見口耳相傳的宣傳方式影響力有多強。

也因為把票分送給一萬人的關係，連帶不僅促使球卡大受歡迎銷售一空，球迷也對敵隊產生了興趣，讓球迷產生「想買的球隊卡賣光了，沒辦法那就買他球隊卡，因為不早點搶購，最後會連一張都買不到」的想法。

目標銷售的球券早一天賣光，就能連帶促使他場球賽也能及早銷售完畢，相反地，如果從不好賣的球賽開始賣球券，反倒使暢銷的球賽變得沒什麼意思，買到的人也會覺得無聊。而實際上多數的銷售方式多為從不好賣的開始賣起。

這種方式不僅適用於對西武戰球賽，例如對日本火腿戰，若確定大榮鷹獲勝機率高的話，就可打出「讓我們在福岡球場一起同享大榮鷹勝利煙火吧」的口號，然後繼續推出「貴賓券」，保證肯定不需多久立即銷售一空。

無論任何事都是如此，比如說為達成某件事的八成，付出五分的努力，剩下的兩成也得一樣付出五分的努力。

如果用十五分的力量去做，分三次完成十的工作，每次努力去達成八成的話就有二十四。這樣的結果比用十五的力氣去完成十的結果，可能會造成八＋二＋八總數十八得到好的多。哪一個成果比較大一目了然。

因此與其努力為剩下的兩成耗費力氣（用五分的力氣），不如就把那剩下的兩成當作已經賣出去了的，萬一賣出了九成，若還拚命花時間在剩下的一成上，等於是浪費賣其他場次球券的時間。

在便利商店等零售業界認為盡可能不要把商品賣盡，因為一旦把商品賣盡，反倒是一種損失。這種想法和盡可能不賣光球賽券一樣，「錯失賣機」的想法已經不符合當今物質富裕的社會了，現在的客人不再認為存貨過多是賣不好的商品想法了，愈來愈少的客人會認為「這家商店總是可以買到想要買的是好商店」了。

暢銷商品的賣法是要拿捏準讓客人稍微等候的心態，現在是「不早一點搶購的話，中午前就會被搶購一空了」、「限定三百個」、「冬季限定的時代了，因為賣光了」的話，之後要補送的方法還有很多。

「年銷量五十五萬人次」才是重點

我辭掉了部門獨立的會計一職之後，只能給客房部一個「一年五十五萬名房客」的這個目標。這並不是以金額多寡為設定目標，反正金額大小充其量只是一種目標額度罷了。

如果完全只重視金額多寡，那星期例假日客人最多的時候就無法施行特殊折扣，或者舉辦婚宴時也無法給客戶最大的協助。

「在連休假期中，客房部大多都採以標準價格接受預約，同樣是服務，為什麼非得特別針對新郎、新娘提供優惠的住宿服務呢？」像這樣的問題就引發出來了。

營收多寡雖然是評判的目標，但只不過是其中一種手段罷了。不是只有達到或沒達到目標營收這件事而已，達成「年五十五萬人」這個目標更為重要。如果以人數為目標的話，包含對餐飲部及宴會部的協助，就可以檢測大家對必要工作的貫徹執行力，因此就有評價的依據。

再者，更重要的是，就是把公司整體收支的情形攤在員工面前。哪些是不足的部分，哪些是需要大家通力合作以達成全體目標的部分，為了使員工之間有共識，資料訊息的提供我認為是不容怠慢的。

如此一來，「本月共有兩百個空房，非常可惜，如果好好活用這些資源，是否可以增加宴會部的營收？或者是否可以應用在賣球場預約席的時候啊？」像這樣的提案就會被激發轉換出來。不是營收數字，讓「房間空著就會出問題」這種觀念滲透至每個人心中才是對的。

營收和利潤兩者目標建立後，會不知不覺把公司營運的整體方向忘記，變成只專注客房的營收。「因為婚宴多，房客和參加婚宴的客人也變多，特別優惠的對象也就跟著多，所以客房部的營收就減少了。」像這樣的藉口就會多起來，如此一來群組的分工合作關係就會漸漸消失。為促使員工彼此間緊密合作，改變以訪客人數多寡為目標是必要的。

讓每組成員熟悉整個公司的營運狀況，並且達到共識是很重要的。如果大家對無法達成目標營收有危機感的的話，就會促使各部門成員集中智慧、群策群力的想出如何達成目標、或者提出最佳解決方案。這正是所謂的「Team work」。

比如說烘焙部的人提出：「我們來賣耶誕節蛋糕吧！」但是只賣耶誕蛋糕的話，是沒什麼利潤可言的。所以又有人說：「比起光賣蛋糕，忙蛋糕的事忙到死，倒不如發發免費的耶誕蛋糕，促成球場預約席的營收增加來得好吧！」如此一來，蛋糕賣的部分跟免費發的部分比例就決定了。只有從事情整體的觀點來考量，才有辦法達成像這樣的結論。

婚宴是人生第二個生日

「日本人就是這樣」、「美國人就是那樣」，像這樣的分類是沒什麼意義的。但由於有分類這種思考模式，就會煩惱：「要招攬中國觀光客，到底要如何做呢？」如果不改掉這種思維的話，飯店業是很難發展的。

以前在我們公司有「ＧＩＲＡ」這種口號。它是「**Global Thinking Region Action**」的縮寫。這四個英文字母也剛好是從我經營的飯店名 **Grand Hotel**（G）、及 **ST motor school**（T）、**Reck**（R）、安比（A）所擷取出來的。

何謂「世界觀考量」？並非「用全球的視野來考量」，「擴大原本的機能」，才是我所說的世界觀。換言之，不拘泥像那些「飯店就是那樣的地方」、「這個機器就是這樣使用」如此固定因循的觀點，就是我所講的以世界觀來考量事物。

飯店既不是住宿的地方，也不是吃飯的場所，因為這樣的話那就太普通了，最重要的，就是提供一個可供人們交流的場所。像這樣的想法就是有世界觀。

什麼是世界觀?那就是不受既有觀念所束縛,可以使自己的想法自由發揮。透視每件事物的本質,你將會發現新事物。

以結婚典禮來說,隨著高齡化社會的到來,有人會說結婚典禮舉辦頻率將會減少。評論家或許以宏觀的角度看待事物,但是這種觀點並不適用以營業為志向的人採取。至目前為止,所有婚宴場所都僅止於「手段」的重視,對舉辦婚宴的「目的」卻毫無真正的去設法滿足。那麼,究竟「目的」是什麼呢?

新人雙方幸福美滿原本是結婚典禮最大的目的,因此為達成這個目的應該以什麼觀點來考量呢?

生日不同、成長環境不同的新郎新娘,因為婚約的關係而在一起,換言之婚宴日對這對新人而言就形同是共有的「second birthday(人生第二個生日)」。所以說在 Sea Hawk Hotel 舉辦婚禮這件事必須視同是「使兩人往後永久幸福的最高手段」。

基於這種觀點,「如何能提供最好的場所」是絕對必要的考量,然後為達目的，把各商品的特性加以組合。不是只有販售商品本身而已，商品是當作「手段」加以使用，賣「促使兩人幸福快樂」的點子才是最重要的。

婚宴的重點並非婚宴完美舉行，而是透過這樣的活動，使兩人獲得幸福。舉辦婚宴前，新郎、新娘為了表達自己的愛情投入很多金錢和時間，但現實中婚後依然能像戀人時代的約會般繼續投注時間和精力是很困難的。這種事實必須徹底的考量。

因為婚宴是兩人共通的「人生第二個生日」，為使兩人可以留下美好回憶，我們來想想看有什麼特殊方法可達成。比如說，兩個人一同住房時提供對折優惠、或是兩人一同前來時提供七折用餐優惠等等。總之就算照張值得令兩人回憶的相片也可以，也就是說盡可能設計只需花固定費用，又能降低浮動成本，同時讓兩人都感到幸福的商品。

上述方法對女性特別有效。男性通常是先考慮事情本身的機能性，女性總是比較感性考量事情。「只有兩人一起來的時候才有的優惠喔！」像這樣的說法通常女性朋友會覺得很高興，但這樣的優惠方案，對主角，就是準新郎、準新娘而言，只不過是所謂「附贈品」，無法打動客戶的心。

所謂「以世界觀來考慮婚宴」就是並非檢討「用美式的作法好還是中國的作法好」，而是仔細去思量婚宴目的為何，它的原點為何，以這樣的思考模式應可達成兩人幸福快樂的真正目的。

東摳西省，如何提供舒適的住宿服務？

我還沒到福岡之前，擔任福岡三事業領導階層的中內功先生存有許多對飯店經營的刻板印象，我坦承，我不少的理論和許多飯店經營有成的經營者觀點有挺大的落差。

例如，經營飯店要常花心思去注意哪裡的水不該浪費，哪裡的電該省等等。我對這種省水電問題有不同的看法，我跟中內功先生說：「都市型飯店就是要提供比日常生活還可奢侈享受的地方，所以讓客人儘管享受豐沛水源，燈光照明也盡情地享用，的確在帳務上『一般管理費』相當可觀，但光是雙人房的收費就比其他成本高出許多，這些水電費彷如免費。再說，如果客人進入飯店早早就寢，那就遑論還有其他的飯店消費；醒著的話，就會想喝點什麼，與其提供舒適的睡眠環境，還不如提供投宿者一個歡度愉快夜晚的可能，這才有賺頭吧。所以，儘管讓客人躺在滿溢水的澡缸裡洗個放鬆的澡，不用擔心水會突然中斷破壞洗澡氣氛。」

或許是我的想法挺特別的吧，中內功先生邀請我到飯店演講，起初還以為聽講者多是一般的職員，沒想到來了許多幹部，也因為那場演講，讓我有機會受邀到其他關係企業演講，甚至在我之後成了協助福岡三事業的一員。

為什麼不能投宿在自己任職的飯店？

飯店業有一個不成文規定，就是不投宿在自己任職的飯店。

例如，餐廳大廚有朋友來訪時，因為訂房組不太通融，再加上認為向櫃檯要求住宿打折有損自尊，多數的大廚都只是招待朋友吃頓飯，然後請朋友投宿附近便宜的飯店。

這不是很奇怪的事情嗎？自己人住宿費打個九折也好，誇張點打個五折、四折，對整個飯店來說還是有賺頭的，不是嗎？其實，櫃檯才要感謝大廚：「謝謝您帶朋友蒞臨。」

這種不成文的規定除了飯店業界外，再也找不到有哪個行業有這樣的規定。飯店是提供給富裕的人消費的地方，在此任職的人正是提供舒適消費環境的主要功臣，更有理由可以使用飯店。

然而，多數飯店任職者有著根深蒂固「任職者不同於消費者」的想法，造成如此不合邏輯的規定。

我曾問過飯店員工理由，他們說：「在自己飯店用餐反而覺得很不自在。」但現在已經是朋友就是客人的時代了，和客人一起用餐有何不妥呢？

在宴會場所正巧碰到認識的朋友也來用餐，多數的飯店職員都不好意思暫時放下手邊工作去跟朋友打招呼，因為怕被上司罵「不可擅自離開工作場所」。但是如果在此時走向朋友打個招呼，不僅朋友感到很興奮外，下次還會帶其他朋友來也說不定。

讓職員抬頭挺胸宣稱「這裡就是我工作的地方」的飯店，才是成功的飯店。所謂的款待，就是如同接待朋友和自家人般的招呼，如果在自己任職的飯店還感到彆扭的話，那我肯定這家飯店絕對無法吸引客人上門。

生病得靠細心看護、均衡飲食配合

這是我親身經歷住院的感受，某種程度上，醫院與飯店被利用的目的差不多，就是因故離家外宿的人們利用的地方，這也就是醫院之所以為飯店的理由。

雖然我一直認為醫院提供「治療醫學」，飯店及旅館提供「預防醫學」。但是，各位，「預防是不太花得到錢的」。醫院也是一種服務業，雖然實際上沒有這種意識的醫院比比皆是，然而，我住的醫院卻是無微不至地服務到家。我認為，生病不只是靠醫藥，還需要看護、飲食來治療。當然，情況依生病的種類及症狀而異，但是，醫院的氣氛也將影響一個人康復的快慢。

例如，護士以開朗的笑臉說：「再一週就痊癒了喔！」由於護士讓人看到未來，患者可以有了目標，進而產生早日康復的心情。

醫師謹守醫師法，藥劑師謹守藥劑師法，但是對執掌醫院飲食的看護及營養師的關心卻相當缺乏。而且，對於做了這些努力的人也沒有回饋計畫。

從飯店的構想來說，執掌醫院飲食的看護及營養師所提供的就是服務本身。如果更認真地致力於醫院服務的提升，日本的醫療制度將更趨完善，或許高齡優質的社會將得以實現——實在該認真地重新思考醫療制度問題的時候了。

真正的對手是跟你不同行的賺錢企業

現在，住宿福岡飯店的人有三二·三%利用 Sea Hawk Hotel 飯店，相較於其他飯店而言，不是相當引以為傲嗎？實際上，我並不了解其他的飯店，我也並不把視察其他飯店作為拜訪之目的。

不只如此，我對東京蓋了什麼樣的飯店、最近流行怎樣的飯店也不太有興趣。因為飯店產業的競爭對手並非其他飯店，花費方式依顧客消費習慣而異，重要的是可以獲得快樂或富足感。考慮到這一點，那麼，不是同業，而是所有行業中獲利的企業才是競爭對手。

所謂需求，是自己創造出來的，與其他飯店無關。

婚禮也一樣，並不是A飯店、B飯店受理幾件婚禮就可以了，所以 Sea Hawk 飯店就設定可以受理幾件的目標。

一年內有八百件時，我就設定「一年一千五百件」的目標；而且，與隔壁飯店幾件的目標無關，只專注在想該怎樣做才好。顧客預購商品決定了，就不用猶豫該向哪個製造商或哪個店家購買，而是該猶豫把錢花在哪個商品，才能變得有富足感。

因此，要思考非同業在抓住顧客的商品上下了哪些功夫？是如何抓住消費者的感覺？例如，有位歌手歌唱得不怎麼樣，在昏暗的氣氛下演唱，卻受到年輕人的喜愛。這就是因為現今自我價值觀相異。如果不認為可以學習的事務，很多人就不會虛心接受。同樣地，閉關自守、自認是業界中的翹楚，只會隨波逐流於業界中，不會對整個業界發展有所影響。

由於只在意同業，市場就會變小。同業反而應該共享訊息，共同思考如何擴展市場。競爭對手應該是非同業。GDP（國內生產毛額）六〇％為個人消費，個人消費傾向哪個產業，那個產業就興衰互見。

每個人的價值觀不同，思考如何運用荷包裡的錢也不同。消費者所想的，不是猶豫「A飯店或B飯店」，而是要住飯店悠閒一下，或是買立體家電，或是再節省一陣子來買車？這些是相當重要的選擇，住哪個飯店只不過是其次的選擇。

如果我說「婚禮增加一千五百件」，大家會說：「那很難吧？」社會少胎化趨勢持續，結婚件數本身正減少當中。婚禮是減少中的產業，要使它倍增的論調，聽起來實在毫無道理。

但是，我要說：「誰說的？」如果因為少胎化而沒有顧客上門，那麼玩具店、教育產業應該更為蕭條，但是許多家庭花大把鈔票讓孩子上補習班、私立學校；私立中學就學生每年年教育費約一百四十萬元，私立小學就學生每年年教育費約一百五十萬元。

實際上，婚禮減少除了少胎化，還有更大的因素，就是許多人認為「婚禮實在沒意思」。為何一定要為這樣的事情花上幾百萬的錢呢？

如果問這麼想的人：「為何認為婚禮沒意思呢？」所得到的答案一定是——與其花錢在這種事情，不如用於蜜月旅行和家具上；甚至會覺得存起來用於日後都比較好。

這裡問題就浮現了。因為婚禮的費用大多是來賓所出，兩個人的負擔由費用總額來看只是一小部分而已。重要的是，由於省掉這一點，所以幾乎花不到兩個人的錢。

誰都不想提到錢，雖然婚禮時禮金總額就是自己負擔的差額，但幾乎沒有飯店這樣說明的。實際上，這卻是每個人最關心、最想了解的重點。

沒有做那個重要的說明，大多數的飯店一味地以「料理美味」、「諸如此類的表演」為訴求，並未努力做到讓認為「婚禮沒意思」的人來籌辦婚禮。人們都對物超所值的事情有獨鍾，但如果拘泥於這個想法，終究會產生不合適的現象；如果不將目的變為手段，不在更重要的目的上認真思考，婚禮的訂單將不會增加。

在飯店舉行婚禮，不過是讓新人享受幸福的手段罷了。如果不思考真正的目的，將無法提出有自信的方案。

需求是自己創造的。即使對於婚禮市場，都無法避免思考。

先一展所長，再廣為應用

我到某地的公司常有人跟我說：「從高塚先生的眼光來看，如果有不妥的地方請多多指教，我會馬上改正的。」不妥的地方如果能馬上改正，就不需特別改正了。

現在不是無資訊的時代，不得不改正的事情，大家都會注意到。只不過即使改正了，上司也不會看到；或者本身想努力改正，但因為會妨礙其他該做的工作等等各種理由，就不改正了。

學校教育的一大疏失在於「學生為了成為優等生，會投入更多努力在於他不擅長的科目」。

如果國語九十分、數學四十分，不管怎樣加強國語，平均分數及總分並不會改善，因為一百分是滿分，沒有更高的發展空間了；相較之下，在不擅長的數學努力，將四十分變為七十分，平均分數便會提升。而且，一般認為克服不擅長的科目，加以努力是很好的。但是，這就是大疏失。

現實社會並非一百分為滿分的世界。即使拿到兩百分，一千分都好，發覺自我專長、並以專長決定勝負，遠比改善缺失來得有意思、有效率。

但是，現實社會累積經驗的人、公司幹部之中，尋求優等生的人並不少。不知不覺中便學到日本學校教育的思維方式了。

專長就是喜歡的事物，喜歡的事物即使稍微多做也不覺得累，而且也得到成就感。與其努力改正缺點，不如努力發揮所長，這對個人，對公司都是同樣的道理。

一發現專長，就應該盡早以「一展所長」為目標。一旦一展所長，就可以有效地應用於所有事物上。也因此，雖然是加強專長，但卻是精通廣泛。

請假想一個圓錐形，例如富士山吧。有著與圓柱相同的底面積及高度，圓錐則僅有三分之一的體積。人類所有的時間、能力及金錢有限，如果將這想作為體積，同體積的二者相比，圓錐比圓柱來得有三倍的高度，或者底面積可以擴大三倍。我認為，那種形狀應該就是理想的努力法吧。

因此，先要一展所長，然後廣為活用，若顛倒這樣的順序，想了解的事物也將增加個沒完沒了。

我很喜愛富士山，常常說：「看著富士山喔，這才是我們的目標。」人類的情況也一樣，如果先構成高度，視野將自然開闊起來。

改變就是學有所成的證明

初到福岡，當地員工對我嚴正設防，把我當成入侵者。入侵者受到組織中的人冷漠以對是理所當然的，就連現在視我為好夥伴、肯為我打拚的本部長及副本部長等人也會說：「中內功先生是跟著來的，總之，聽著高塚先生的話，但就是不可以照辦。」這就是所謂的現實。

站在對方的角度來看，這樣的舉動絕對沒有錯。就是因為對公司有認同感，才說出這樣的話來。但我認為這不過是一般的論調，只要好好地傳達自己的想法就行了。

即使否定過去也不會改變什麼。如果他們說「不要那樣說」，就會變成對我說謊了。另一方面，當他們成為我的夥伴，以後他們面對造次的部屬，也可能會和他們成為關係良好的夥伴。

總之，昨日種種譬如昨日死，今日種種譬如今日生；傳遞對的事、捨棄過去是很重要的。而且，不得不做些改變。

我認為改變是美好的事情。於是，當有人說：「你變了喔。」努力打拚的人會強調自己沒有變：「不，我沒有變，從以前就一直努力了。」這時候我就會斥責他們：「你說這是什麼話！我們的公司現在明明正在改變啊。」

「因為改變是讚美的字眼，所以沒有比『謝謝』更適合的字了。何況，你如果不說『謝謝』，誰會改變呢？」這完全是為了教育而斥責他，所以他即使受責也不會生氣。

不過因為失敗而遭到斥責是很討厭的，這就是不一樣的狀況了。如果一看覺得是蠢事就斥責，會造成部屬「隨我高興吧。為什麼我改變就一定要說『謝謝』」的心理。

「因為想作為他人的參考而說『某某人變了喔！』，這樣就不得不接受了。」這個觀點，我傳達了數十次、數百次。

如果不口耳相傳的話，就無法讓人知道「改變」是「重要的事」，現實就是如此。

我的座右銘是「學有所成的唯一證明，就是改變」。

真正的學習應該是必須改變的。所謂「知無不問」，實際上沒有改變就無法成功學習。

跌跌撞撞才能愈挫愈勇

我認為跌跌撞撞的人愈挫愈勇。

相反的，謹慎的人怎樣也不會進步。簡單地說，癥結在於新人的時候經歷過怎樣的失敗。

身為新人，就算對自我要求很高，從事實力以上的工作，失敗次數當然會增加。從知道失敗情況下的風險，變成無懼於失敗而可以實行的境界是要花時間的。新人無所知，所以無所懼。之前，我寫過失敗不是失敗，而是無法如想像般那樣進行罷了；我認為，人們成長的發條，就是這種令人難過的感覺。

以棒球為例，三成打手有七成失敗，失敗是理所當然的。而失敗也只是不能站在打擊區而已。

我不以自己的失敗為失敗，因為不只失敗，也獲得了經驗。而且，在失敗時就會立刻認清錯誤，因此並沒有遭遇多重大的慘敗。當我還是個初入公司的新進員工時，有過這樣子的失敗經驗：我拿從上司那裡聽到的事情作為話題，傳回學校的營業活動。對方的執行課長雖然聽了我的話，最後卻說：「其實上個月已經申請了……」原來之前有個學校學長一約談就簽約了。當時有兩個感覺，一個是「應該研究一下約談者」；另一個是「自己鎖定的訪談者已經簽訂合約，就表示自己的思維無誤」。我認為如果這樣想，就可以累積由這個失敗所得到的寶貴經驗。

最近只要沒有萬全準備就不敢貿然行動的人越來越多。我覺得，會變成「有萬全準備再行動」，自然是因為失敗會被責備的關係。其實，新人的失敗沒什麼了不起，上司最好自己把錯誤釐清，不要抱怨部屬。如果讓新人看到上司的作為，部屬就會這麼想：「下次不要再失敗了。」一味地說教，反而會適得其反。

但是如果上司只會拍拍部屬的背說：「你做得很好，好好地幹喔！」然後可能就會代替失敗的部屬被責罵吧。所以我將繼續推廣「一定要責備部屬的失敗」這個觀念。

新進員工比資深員工多了三項優點，就是「慾望」、「行動力」及「抱持疑問」。我想如果無法發揮這三項優點，那麼錄用新人就沒有意義了。

過度思考困難的事務，將導致窒礙難行；而被責備卻不能愈挫愈勇的人，不如當個社會人可能還會成長得快些。

自滿非壞事，讚美自己會更進步

「自滿」一般被認為是不好的事，但我不這麼認為。

自我欣賞有什麼不好呢？會自覺「連自己都可以」是很好的事，因為自己讚美自己，人才可以得到滿足。

「請做到在一天結束時，最少可以舉出一件自認『連我都可以在今天做得好』的事來。」我一直對員工這麼說，如果自己可以自我讚美持續三百六十五天，那就夠了，一定會成長。

例如，決心一天至少閱讀十頁書，即使只持續一年也沒關係。這樣，一年內便可閱讀三千六百五十頁了。如果可以達成這樣的目標，讚美自己也很好；如果自己決定目標，而且繼續實行，久而久之便會變成巨大的力量。

我在一九六八年進入現在的Recruit公司。因為學歷比公司裡任何人都差，進入公司時便決心「每天至少閱讀五十頁書」。最初的理由是認為必須具備知識，也真的每天持續那個決定，不論回到家時是半夜還是早上，甚至生病時都一定每天閱讀五十頁。有時甚至一天閱讀上兩百頁、三百頁，但絕不會說「昨天閱讀兩百頁，所以今天不閱讀沒關係」，閱讀五十頁以上，所以隔天閱讀頁數就減少是沒意義的，所謂「每天」持續是很重要的。順便一提，決定每天閱讀，是一九六八年三月的事。

但是，這幾年變得不讀書了。因為自己已經變成與其吸取知識，不如判斷，也就是外放來得重要。因此，比較不那麼常讀書，反而更常為了研究而看字典、資料。

當初認為趁年輕時多讀書，真的是很好的想法，現在仍然感觸良多。現在我對一件事物能從各種角度去看、去思考，我想是靠當時每天讀書累積而來的。或許那才是「自滿」，但至少對自信有幫助。

第五章 當經營者也是「打工仔」……

敢說真話的經營者，才能大刀闊斧改革，並締造公司永續經營。

領薪水的經營者，在勞資間取得平衡

我是個領薪水的經營者，老闆與我總是不停地互相算計。我並不覺得算計、盤算有什麼不妥，對方會判斷我是否有利用的價值，我也是。如果腦海中有「好，在這裡做做看吧」的想法就會去做，即便這想法沒了再辭職也不遲。

領人薪水的優點，就是能隨時隨地突然轉換角色，企業經營者就做不到這一點。因為能改變角色，在進行中就能享受其中的樂趣。

還在Recruit受雇時，我曾有過想要開創自己事業的想法，但因受到江副先生的慰留而留下來。當時如果自己真的當老闆了，工作可能會更有發展，說不定也會賺更多錢，但是否會感到充實我就不清楚了。

我對金錢其實沒有那麼執著，即使自己財產不斷累積，還是過著簡單的生活。人不過就是這樣，過著「醒著時待在四分之一坪的空間、就寢時在半坪空間」的生活；就算是享受美食，也有個限度。

我認為，人的內心，必須常保兩種渴望的精神：一種是「要是辭掉現在的工作就不得了了，不但不能養家活口，還有很多人情世故的開銷，無論如何不忍耐不行」的自己；另外一個是「我就是個上班族嘛，隨時不開心都可以請辭」的自己。在這兩種糾葛中取得平衡。我想，要是少了那一方，人生都會變得很無趣。

我的個性雖稱不上討厭別人請託，但可以的話，為了不想受託，是會想偷溜的。可是還是被中內功先生逮著了，因為他是這方面的能手。

在Recruit待了好一段時間後，江副浩正先生對我說：「希望你回東京去。」但我拒絕了。那時，我捨棄了擴大志向，也不留戀任何頭銜，只想一直待在岩手縣。

江副先生不只一次對我說：「再待在岩手，真的就沒機會了。雖然你現在站在比你前輩高的位置，但不久後，你的後輩也會超越你，到時候你會覺得很慘，所以及早回東京吧。」他是這樣親切地給我建議。

但是，我對那樣的事並沒什麼興趣，所以回答：「我只想維持現狀。」要是換做普通上班族，我想大概早就大喊「我終於被召回東京了」也說不定，但，何謂「普通」的定義，是因人而異的。

正所謂「寧為雞首、不為牛後」，岩手就好比雞首。始終照著自己喜歡的方向去做。從Recruit拿到的一些權限，幾乎都轉移給社員，我取得權力的目的，就是為了授權給部屬才這麼做的。

不論是盛岡Grand飯店或福岡的Sea Hawk大飯店，雖然都是處於大榮集團下的子公司、被歸在Recruit集團子公司的位階，但社員自己並沒有認為是子公司員工的意識。在盛岡幾乎沒有從Recruit來的人，Sea Hawk飯店雖然有許多人來自大榮集團，但經過二至三年後，幾乎所有的人都不再存有自己是大榮集團社員的意識了。

要撤我職其實很簡單，只要管理階層有半數都說：「不需要高塚。」我隨時都可以辭職。當初到任時不能這麼說，但經過兩年後，我變得可以堂堂說出這樣的話了。不論是誰，應該都不會想要待在不需要自己的地方或組織；不過，會這樣想，可能我是領薪水的經營者才能這樣說吧。

短線轉虧為盈，賠掉未來

一九九二年泡沫經濟崩壞之際，我的經營風格也隨之改變，不再想著要擴大企業規模。

泡沫經濟崩潰前，我始終認為有效率的事才是有效果的，到八〇年代為止，比起提升業績，節省經費更讓我認為是比較有效率的。慢慢地，最關心的事放在提升業績上。為了那樣，我想瞬間的一些犧牲也是無可避免的。

到了一九九二年，我在岩手縣的經營風格有了很大的改變，捨棄了各種確保經常利益的手法，把營業利益用來償還資本，思考模式轉換成只要能讓公司存續經營就好思考。即便現在，經常獲利是赤字也認為沒關係，當然，從沒有到轉虧為盈的境界。

最後，實質的資金回收才是重要的。曾經，也認為利益要是能越大的話，當然是越好。

二〇〇二年度，福岡三個事業體（福岡巨蛋、大榮鷹隊、福岡Sea Hawk飯店）有五億日圓左右的營業虧損。

我認為營業損益在五億日圓上下的話，是一樣的範圍。假如一年有十億日圓的利潤，累積十年則有一百億日圓；若是再考慮稅金，則有五十億日圓的利潤。如果這樣想的話，一千四百億日圓借款中的五十億日圓是否要早點償還，我想那就不是什麼大問題。

有關於福岡三個事業體，我常常被問到：「高塚先生把四十二億日圓的虧損轉變為三十三億日圓的盈餘，之後要怎麼做呢？」我都是回答說：「維持三十三億日圓的水準就可以了。」

雖然營業利益是盈餘，但是累積盈虧則有五億日圓的赤字。如果想要把這赤字化為零，需要費盡心思的努力才行，說不定連一點偷閒的時間也沒有了。如果是那樣的話，說不定會危及到這個事業的未來。但是，與其利用增資或降低成本來改善，還不如做好事前投資，和地方人士維持良好關係，這些反而會對未來比較有幫助。

要將五億日圓的赤字轉虧為盈並不是難事。例如，福岡大榮鷹隊若是沒有簽下和田毅或新垣渚這些明星球員的話，就可以轉虧為盈；把要給付四十七億日圓的員工薪資一律減少一二%的話，也可以創造盈餘。

但是，這樣做好嗎？簽下和田毅或新垣渚這些選手是有利於職業棒球的發展，以娛樂角度來活絡地域關係的投資。況且，若是刪減員工薪資的話會降低士氣。也許單一年度可以一下子轉虧為盈，但就沒有未來性了。

很多的經營者都有如果這次賺了十億日圓，下次就是賺二十億、三十億日圓這樣的想法，但我從不以利益為目的。

利益，充其量只不過是一個使企業存活的手段罷了。最重要的事是如何使企業能永續經營這個問題。

因為和大榮集團有生意往來的緣故，很多業者都不得不買福岡巨蛋一年的預約席。現在因為多數大榮集團都歇業了，這些業者正想辦法將預約席脫手。這和員工的營業能力則又是另一回事。

這樣想的話，虧損就不只七十八億日圓了，加上這一筆則另有十億日圓的潛在虧損。若只專注在數字面的話，二〇〇二年度的三億日圓虧損，次年度也許會被視為開倒車反而產生五億日圓的虧損。但實際上並非如此，這只不過把實際收支情形浮上台面的一個動作而已。因此，我決不認為這是不安的因素。

「一口氣改善，再保持下去」的經營之道

和岩手的駕訓班——ST汽車學校的經營扯上關係是一九八六年的事。原本這是朋友所經營的學校，因為資產過重，朋友想賣掉它，於是我就接手了。「你也經營駕訓班嗎？」看了我的名片，這樣驚訝的人大有人在。

當初因為學生人數很少，所以是虧損的；也因為虧損對方才放棄的。但是隔年，入學的人數一下子倍數成長。一股作氣使業績成長，進入安定的成長軌道是我的做法。想要永久的擴大就會失敗。我稱這種作法為「√形的修正」。

一股作氣改善收支平衡之後，就要考慮對當地的社會有貢獻。這是領人薪水經營者的樂趣。若本身是自營業者，馬上就會現出好還要更好的貪欲，恐怕只想著賺錢的事。我沒有自信可以打敗這個誘惑，所以我想我不適合當一個自營業者。

幾乎所有的駕訓班都是「教會他」這種感覺，所以教練都很威風驕傲，而學生總是提心吊膽。「因為想考上駕照，所以被兇也無可厚非。」學生都是這樣認為

的。因為一些法規，使得這些行業受到保護，變成賣方市場，大家也覺得這是一般應有的現象。

但是，駕訓班本來是服務業，來這裡上課的學生都是顧客。如果汽車教練的教法親切，而且學生都覺得對他有好感時，學生會推薦給朋友說「這間駕訓班很不錯」的可能性也會提高許多。可是，教練絲毫沒有這種想法。

在這裡，我便引用了由教練來尋找下一個顧客的想法，使教練化身為服務窗口，親自受理由自己的學生介紹來新同學來上課的事宜。另外，舉辦一年一度的畢業生聯誼會來創造交流的機會。

另外，駕訓班是有淡、旺季之分的行業，因此盡量使每期學生數達到平均化的一些方法我也實行過。例如，被外派到岩手縣當分公司負責人的人，大多乘坐配有專屬司機的汽車。這些人當中有已取得駕照的人，但也有沒取得駕照的人。針對那些沒有駕照的人，向他們推銷說：「退休後如果自己不能開車會很不方便喔！」如此一來，「若是可以避開學員眾多的月份，就可以彈性地安排學習時間。」這樣告知他們，同時也號召他們說：「難得來到岩手，藉這個機會考個駕照吧！」

抱持著開車還是很危險想法的人，大概還很多。許多人怕開車是因為覺得要是出車禍會很慘。但是，如果遵循交通規則、在限速內行走的話，幾乎不會發生任何的交通事故。要強調的是，畢業生發生交通事故的機率是很低的。

但在駕訓班認識的男女結婚的可說相當多。對這些情侶，駕訓班會推薦盛岡花園飯店的喜宴給他們。

另一方面，由於考量了飯店的服務，駕訓班的教學方式也有了改善。駕訓班與飯店因此產生了相乘效應的效果。

飯店與駕訓班在業務方面，第一眼看不出有任何關係；而且雖然一樣是服務業，卻完全沒有關係。與其說完全沒有關係，不如說只要是針對個人所營業的公司，就可以說是服務業。因此，這兩者還是有相當多的共通點。

「專業經理人」社長隨時說得出真心話

二〇〇三年三月，我離開了長期經營的岩手花園飯店（Grand Hotel）。這是我從二十幾歲開始，親手經營了四分之一個世紀的飯店。我常被問到「辭掉職位會不會遺憾」，當然，不遺憾是不可能的事情。但是，如果讓我選擇沒有遺憾或是負擔起社會責任兩者的話，我不得不選擇後者。

我強力拜託新的經營主體加森觀光，請他們能夠同意沿用原本的員工以及續用原本的廠商，我自己本身的去留則希望以加森觀光的作法來決定。結果就是到三月底，我辭去職務離開公司。我的想法是，只要員工可以繼續維持工作，我就可以安心地離職。

之後，我將注意力集中在福岡事業上，現在也居住在福岡；當然，我的家人也與我同在。雖然說我已經卸任了，不過並沒有改變我的風格。

之前我就說過「我將埋葬在盛岡」，所以我也在這裡買了墓園，也將我的戶籍移到這裡來了。中內功先生非常了解這一點，就叫我來福岡。

也就是說，我在福岡的立場，基本上就是個專業經理人。專業經理人的好處是，只要員工跟老闆不滿意，我隨時可以接受「我們不需要高塚」這句話。這點跟老闆及經營者不一樣，沒有其他的牽絆跟要在意的事情——我的優勢就是，以一個「專業經理人」的身分來說，隨時都可以說出內心的話。

在一年之中，我在岩手、福岡和東京過生活的比例，約為岩手兩成、福岡六成、東京兩成左右。雖然如此，只要我沒有放棄在岩手縣的生活，就不算是在福岡「生活的人」，因為在福岡只能說是工作的關係而存在而已。所以要加入區域性社團之中、或是想要擁有這裡的生活圈也是很有限的。因此，我需要八百名員工，同時也是在福岡「生活的人」全面協助。

借助員工的力量是一件相當重要的事，因為了解當地需要的同時，才可以補足不足的地方。

舉例來說，如果我住在福岡，就不會想到要去強調當地特色或是找個具代表的標誌的點子。我在思考、掩飾自己不足的地方，不斷地思考為了這個地方有沒有什麼是自己可以辦得到的，為了這個地方的發展，才會有借用大榮鷹的想法產生。

人沒有萬能的。

「知之為知之，不知為不知，是知也」，這是孔子說的。如果抱持著奇怪的自尊，還一直遵循自己堅持的人，是什麼事情都辦不到的。能夠非常了解什麼是自己不知道、沒有辦法辦到的事，我想這才是最堅強的人。

辦雜誌也是服務業

思考「有哪些人會喜歡」，可說是服務業發想的重點。從這一點看來，汽車駕駛訓練班似乎也是如此，在Recruit創辦雜誌也是基於相同的出發點。

所謂媒體，特別是暢銷雜誌，是無法區分讀者的。雖然有好的一面，但就商業觀點來看，也不少負面影響。

既然身為媒體，如果以廣告量來考量，成本是偏高的。原因是對廣告商而言，這些廣告會流向不需要的讀者那裡去。所以Recruit為了要更有效率跟效果，只會發送給有需要的地方。

因為雜誌幾乎是以廣告收入來維持營運，而非靠銷售的收入，所以針對特定的讀者群來製作即可。因此，不管發行量多少，都能達到期待的成效。結果就是，相對於它的效果來說，廣告費是划算的。另外，銷售量也是難以預測的。即使製作出多麼優異的版面，賣不好的話就只能堆在倉庫裡當庫存。而控制印刷數量的話，不但會喪失銷售的機會，也無法提升利潤。

若是以廣告收益為主時，就可事先得知收入多寡。配上廣告效應，便能夠決定發行量，也就是說能達到成本管理。

一般週刊裡都會刊登讓讀者輕鬆一下的漫畫或象棋棋譜等，製作出一些休閒氣氛。但就情報雜誌而言，刊登的內容是讓讀者可以自由切換資訊主題，如果看膩了某本情報雜誌，就可以轉去看其他雜誌，或是看看電視或漫畫等等，因此不需要再闢出讓讀者喘息用的漫畫頁數，相對的成本就能減低了。

面對擁有多方選擇權的讀者，雜誌業者想將所有資訊都歸納到一本雜誌裡來銷售，是不可能的。至少，今後這種趨勢將會愈來愈明顯——就是所謂「跳躍式」的現象。

我想在這資訊爆炸的社會，已有愈來愈多「專攻某項主題」的專門性雜誌，這將會成為一股主流。

當我們詢問車站販售處的店員時，她們都會異口同聲說道：「客人會在等電車這段短暫的空檔裡買書，如果稍微挪動一下陳列的位置，就會賣不出去。因為每一位老客人都知道哪一天會在哪個位置賣哪些雜誌，而車站販售處的客源有八成是特定的顧客。」

像這些販售賣店的意見，其中最值得參考的就是銷售業績佳的販售人員意見。當然，最後資料還是要確認一遍，但實際販售店銷售員的意見是最實在的。

此外，我們也很清楚銷售成績突出的人，都一定非常重視固定客人以及常客。服務業是如此，任何一種產業也是如此。

經營者擔任工會職務，勞資成為共同體

我認為「保護員工」是領導者最重要的工作，工會也應該是這種想法。如果能真正設身處地為基層員工著想、重視他們而犧牲自我，我便會衷心支持那個工會。但我並不清楚，這世上究竟有多少工會能有如此的心態。

一般而言，一談到工會，最大的問題就是總幹事經常變動。如此一來，便很難全盤了解員工的意見、以及建立起彼此深厚的信賴關係。一旦組成了工會，組織很容易就會忘記原本的初衷，變成只是為了維持工會的存在而已。因此，工會本來就該重視的事情，工會幹部自己就應該要重視。

對於立場薄弱的員工們，經營者必須更加認真地為他們著想。工會的角色，我認為本來就應該由經營者來擔任。也有人說過為了督導單一經營者，就必須要有工會的存在；但在工會檢討經營者之前，我覺得經營者本身就應該要先自我檢討一番才對。

若是不想自我檢討的經營者，會在搞不清楚事態的情況下做決定，導致問題發生。我總是認為沒有秘密才會努力，唯有將所有一切透明化，才算是有檢討功能。

我認為「一個人拿幾個月獎金」這項制度很奇怪，獎金和薪水是不應該有所關連的。因此，**Sea Hawk Hotel**並未採取這種制度，有人薪水二十萬、獎金四十萬；也有人薪水二十五萬、獎金三十五萬。訂定獎金的基準，是審核某段期間的業績；薪水的給予，則是觀察工作態度、能力以及業績提升情況而定。只著重基本薪資根本是不對的，所以獎金制度才會被當做固定收入、變成了一般性的制定。但是，差不多是該還原其本來用意的時候了。

只要是對於員工有益的方法，就不需在乎工會和經營者的立場。而且，勞資雙方本來就是好夥伴。

當然，並不限於工會這種模式，不管是管理階層或一般員工，只要其提出重要的意見就應該採納。有權力督導經營者的人，就是每一位員工。

發號施令不動手，比死還難受

最近我終於明白了一件事，那就是指派別人工作是一件很難的事情。將岩手縣的經營工作真正交付給部屬，嚴格說起來，大約是從我來福岡之前兩年，一九九九年的時候開始慢慢進行交接。

對經營者而言，最痛苦的莫過於將工作全權交託出去。自己還精力充沛時，就會忍不住想插手幫忙，卻只能忍耐；即使業績明顯地滑落，也只能忍耐站在一旁看，這簡直比叫我去死還痛苦。

至於為什麼會那麼痛苦，是因為我覺得這樣很丟臉，雖然是交接工作，卻無法忘記自己仍身為公司經營者的責任。

但是，人總是要成長的，想到為了今後將在永續經營的公司裡長期打拚的員工，也希望自己名字對大家有幫助的話，就要好好地交接才行。所以，我才會將盛岡的一切工作完全交付給員工。

一旦被全權被委任時，便不太能選擇只做「喜歡做的工作」。此時公司內部就會產生摩擦，而自己也只能眼睜睜地看著因為這些衝突而被自然淘汰的人員，這應該是最痛苦的一件事吧。

身為一位只下指令的經營者，或許比較輕鬆。相反地，將一切交託出去不插手，只負全責的經營者，恐怕是最難做的吧。

有沒有尊嚴，與薪資高低無關

要如何確保中高齡或銀髮族的職位，已成為現代社會的主題。在盛岡Grand飯店，有一位自岩手縣廣播電台退休後，才進入公司的富山正五郎先生。他先前已有二十年以上的工作資歷了。任職於岩手廣播電台時的薪資也相當高，但在Grand飯店卻比剛畢業的新近員工的薪水來得低。

即使如此，比起岩手廣播電台，富山先生表示更感謝Grand飯店，那句話說得更是鏗鏘有力。雖然薪資不高，但工作得非常快樂，可以再工作了二十年，一想到這點，富山先生便充滿了感謝的心情。

問題不在於薪資多寡，而在於是否擁有生活的意義與工作的意義。

即使薪水不多，我還是希望他以社長特助的身分繼續努力。因為這個頭銜，讓他走到哪兒都覺得不失面子，而且必要時也能夠使用交際費，能在扶輪社或獅子會的社團進出，同時進行業務工作。如此一來，雖然富山先生做的是超出薪資外的工作份量，但因為領了養老金，我們只付給他極低的薪資。不過，他說這樣已經很夠日常生活之用了。其他，像盛田安三先生或安藤章先生等人，也都是在其他公司退休後，才到公司來為我們賣命了十年以上。

「薪資＝尊嚴」這種想法是錯誤的。正因為有這種先入為主的觀念，才會在採用高齡者時有「薪水給得太低，會讓對方沒有尊嚴」這種想法出現，甚至覺得很麻煩。我認為，這無關乎尊嚴或薪資的問題，更重要的是，他們從事的是一份具有社會責任的工作。不是嗎？

在日本，應該有某些高齡人士和我擁有相同的想法，將這些人的心意實際具體化，對整個社會來說是絕對必要的。

例如有效活用學校設施，讓他們擔任夜間校長一職也很不錯。在晚上，將學校的圖書館或校園開放給社區民眾使用，由夜間校長管理設備、或和大家一起暢談書本內容。如果夜間校長一職由退休老師來擔任，因為領有退休金和養老金，薪資方面比較少應該也可以被接受。相對地，還能讓對方擁有充分的幹勁與生活的意義，這比再建立一所圖書館，更有深遠的意義。

如此一想，適合高齡者工作的地方應該還有不少。像清晨時分、深夜時間等這種一般人昏昏欲睡的時段，卻是年輕人遊樂的時間，如果那些場所能在年輕人出沒的時段提供高齡者工作，應該也是不錯的。

年紀愈大、支付的薪資就必須愈多，這種長幼序列意識的固定概念，只會阻礙事情。不需要有因為校長這個頭銜，就得付出一般既定薪資的想法。

更重要的，其實是讓高齡者擁有生存的意義，這也是全體社會才應該好好思考的一件事。

鎖定地方，是相中了自主性

我並不在乎工作大小，但喜歡自己完成工作時的那份喜悅。例如，我曾想過經營咖啡店似乎比較有成就感，如果能這樣過活也很不錯——只要一間小小的店面，就能擁有站穩自己生活的偌大心靈空間，並盡量不再擴大其範圍。自己想過什麼樣的生活，就會創造相稱的環境出來。

我不會想更擴大原有的格局，但想要時而改變形態，像是添加文化性質的遊戲，就會讓人怎麼看也不厭倦。有時候為了保有強韌性，就必須有所維修——有太多應該做的事了。

之所以喜歡盛岡這個地方鄉鎮，是因為幾乎所有的工作都可以自己做決定。要是回到東京，決定政策的都是董事會的工作。就算在東京有再好的工作，也只不過是一千萬人口中的一個小零件罷了。但在岩手縣，即使只是經營一家小飯店，就會被視為地方級的ＶＩＰ而變得無人不知。

我在福岡的人脈，可說是在岩手縣時代延伸過來的。和媒體人士也幾乎都是從在岩手時就認識了。岩手縣的人到了東京就各自分散了，但東京的人來到岩手就只會集中在一、兩個地方。

在岩手縣，不管任何事一公佈就能夠有機會曝光。報紙的專題，也一定會列舉出各地有名人士的名字，例如在東京，連江副浩正這個名字都沒機會曝光，但在岩手縣，我的名字就出現過好幾次，讓我感到相當有面子。

剛到這裡的第一年裡，並沒有充裕的時間觀看四周，但過了一年之後，我就開始想把東京的房子賣掉搬到盛岡來；爾後便馬上遷移戶籍搬過來，並也買了塊墓地準備在此終了一生。

住到偏遠的地方後，便感受到鮮明的生活意義。同時也發現在東京，經濟和文化、愛好、教育等領域是以不同形態各自存在；還有，生意人或是企業經營者，都很少參加教育或文化的活動，我認為這是東京居民的悲哀。

年輕人之所以會想去東京，是因為他們不了解東京。或許是即使回到鄉下也沒有工作，所以不得已只能待在東京工作，但也有不少年輕人想回到鄉下工作。因此，我想大聲呼籲：「必須讓地方鄉鎮更加活絡才行。」我們必須創造出讓年輕人認為應該回來的地方。

高層必須先與基層融為一體

剛到福岡時我並不受歡迎，包括員工和往來廠商在內，沒有一個是歡迎我的，這就是我置身的環境。在這種環境之中，唯有上班族才能表現出那股絕不服輸的氣魄，就是不能把責任歸咎於周遭的環境，必須認為「我不受歡迎才是正確的」。

於是，我約定了三件事：

第一，我對當時大榮董事長中內功先生說：「今後我想成為（福岡三事業總裁）中內正先生的部屬。」當初我是被找來當董事長的，但如此一來，我就變成比社長中內正先生更高階；如果我是中內正先生的部屬，就可以大大方方地說：「你是我的上司，如果不照顧我的話會很傷腦筋的。」

我決定當他的部屬之後，還附加了這麼一句：「之後有關的一切，我將不再親自向中內功先生做口頭陳述，也不做任何報告，相關報告請詢問中內正社長或是負責的高層。」對於這項強烈的請求，中內功先生也很簡單地答應了我。但或許只是認為「反正以後你就會忘記了吧」。

第二，「如果有事要交待，請透過中內功先生那邊叫我，屆時我一定會去報到。但是，與董事長交談的所有內容，我都會向中內正先生報告，不隱藏任何事，我不想和中內正社長之間有任何隱瞞。」

第三，「當中內正先生說想帶我會見中內功先生時，請務必與我們碰面。即使改變日期時間也無妨，如果不和我們見面，中內正社長的立場就會變得很難看，而我也會不好受。」

這是我在接受決定擔任福岡三事業時的要求。

既非津貼也無關待遇方面的請求，或許會有人感到很意外，但我認為這三項要求相當重要。

目前為止，有許多人都來幫忙過中內功先生交代的事。一般人總是很在意雇主那邊的情況，對於自己所屬部門的狀況反而不在意。例如公司部門裡有位年輕的主管，不是蔑視他的存在，就是對他大獻殷勤。

所以，我認為自己與中內正先生的關係必須穩堅若磐石才行，如果高層方面支離破碎，全體員工就不可能會團結一致。

只要以這個想法為前提，自己就會戒慎謹慮。而且，在想改變公司、經營組織之前，可以先試著挑戰看看自己能夠改變多少。

長久以來，在盛岡時的我都是隨心所欲又傲慢地工作。如果不開始改變這樣的自己，就不會有在福岡工作的成果了，這是我深刻感受到的一件事。

時價會計就像要野馬緊急煞車

我並不否定過去。

從國際觀點來看，日本銀行的存在相當特殊。從戰敗後一無所有的年代，在缺乏資本和信用以及社會基礎的情況下，竟成功建立起金融系統。從一般收集資金開始降低風險，然後適當地分紅，再將聚集起來的資金讓各家公司進行融資作業。

因為會有呆帳的風險，所以利率是六%、七%，和目前的利率相較起來高出許多。因此一般人都將錢存到銀行以求安心，擅於理財的人還向銀行融資，以一邊支付利息的方式一邊賺錢。這種結構，便是促成了高度經濟成長的強力動力。

假設某間公司計畫投資一百億日圓興建飯店，若公司每年的盈收為十億日圓，扣除五億日圓的稅金後就只剩下五億日圓了。如果只依靠現有的盈收和原有的資金，一百億日圓的費用得花上二十年才能準備齊全。

但是，只要向銀行借貸資金的話，就可以馬上興建飯店。

銀行借款的基準是「進行折舊、支付利息即可」。但隨著情況的不同，即使不折舊不動產，價值依然可以持續提升，就能夠補貼折舊不足甚至賺到股利。

此外，對於已在進行交易的個人或公司行號而言，高額地價可說是針對新參與者的一道保障。資產價值的提升不但創造出良好信用，日本企業也可經由向銀行融資進軍海外市場。公司並非將盈收和折舊費用拿來當做歸還籌措時期的資金，而是要借更多錢來擴充整個事業體。即使是現在，我也認為這種日本獨特的金融體系並沒有錯。正因為這是正確的，所以才能讓日本變得豐裕。

不知不覺間，日本成為世界第一的資產國。同時日本是世界第一的債權國，美國則是世界第一的債務國。日本的銀行，即使企業本身僅有些許資金，依然大量借款給他們，因為其中包含了不動產和股票的利潤在內。所以，即使帳面只有一百億日圓的土地，資產價值卻可達到十倍、二十倍。這裡產生的巨大信用，就是日本企業的支柱。美國方面對這種體系提出異議，日本方面也主張應該引進時價會計以及BIS基準。而日本也接受了這些方案。

擁有時的價值與賣出去的價值，以及利用時的價值完全不同。泡沫經濟之前，只要在銀行存上一億日圓的現金就有七％的利息，也就是說擁有七百萬日圓可運用週轉額度。另一方面，將資產價值一億日圓的公寓租借他人，就只有一百萬日圓的房租收入，但即使如此，因為升值效應，大家還是會傾向購買不動產。

再者，擁有不動產的人因為期待升值的緣故，所以都不太想賣出去，導致需要與供給兩方產生不平衡的關係，反而促使地價上漲，讓日本進入了泡沫經濟時期。當大家察覺反省這個現象時，便用盡一切方法讓地價滑落，因此泡沫經濟便崩潰了。

地價上漲時的確產生了問題，但是，使之急遽下滑而引進時價會計的系統，便是為了讓車速兩百公里的脫韁野馬緊急煞車。

時價會計的可怕之處，就是沒有資產通貨緊縮。而超額債務與歸還期限即是問題所在。

簡單說來，時價會計是這樣的，例如甲向你支付兩萬日圓現金和八萬日圓的分期付款，購買一件十萬日圓的西裝，此時你便可對穿上這套西裝、並且會努力工作的甲說：「這套服裝穿過一次後就有時價兩萬日圓的價值，而你有六萬圓的超額債務，所以現在請馬上還清借款的錢。」

這套西裝是賺錢的工具，所以那份價值能不能創造商業行為就是其判斷基準。其中，並不包括特殊行業、以及一般設備。一旦適用時價會計，設備資產就會被過低評價，幾乎每間公司都會陷入超額債務的狀態。

此時出現的就是BIS基準。雖然說是存款、但卻是「向存款人借錢」，所以將大部份都貸放出去是很危險的，至少要準備好借款金額的八%以上的原始資本。

因此，銀行本身也吸收了資產通貨緊縮以及不良債權處理的風險，不管喜不喜歡，不是讓企業歸還借款的錢，就是為自己增資才行。如此一來，日本的銀行和企業不就會倒閉了嗎？

別人不要的東西，就是商機

所謂服務業，如同字面表示，就是服務人群。最重要的是形式、組織與效率，也就是說，在此行業中理論並沒有太大意義。今後需要重視的就是讓每位顧客都能滿意，這樣才能產生附加價值。

人類是既孤獨又寂寞的動物。為了讓人們生活得更加豐沛，這不但是一種服務，同時也必須認知到這也是未來的商機。

一九七〇年代前半期，從事服務業的人數已超過日本產業比例的一半，而現在服務業是日本的主力產業。若不更加發展服務業，就會有一億二千七百萬人無法過活。但是在日本，對於服務業這項產業的行政方針，卻尚處於相當粗糙的階段。

一千四百萬兆日圓以上的個人金融資產大多集中於高齡者族群，但高齡者卻沒有想要消費。而只要減輕遺產稅或贈與稅，那份資金便能回流到年輕族群身上帶動經濟，但卻從未看過這類的相關政策。

再者，在稅務方面，對於中小企業只認可一定額度的交際費，但對大企業卻無此限制。

例如公司買了一百張電影票分配給員工，就被當做浪費行為，不認同其為經費支出。但日本憲法上明確記載：「所有國民皆享有經營健康與文化方面最低限度生活的權利。」與文化方面相關的支出卻被視為浪費，這樣下去根本無法孕育出文化。

就算公司被稱為是法人的一種「組織」，現在也已漸漸越來越難參與地方社區的活動了。從前的村落就是法人，現在的公司就是法人。公司應該貢獻出一部分的利潤回饋給地方，供文化與教育使用，大家必須對這方面有更深切的認知才行。

現在的日本，生產利潤以外的活動都被當做是多餘的、浪費的事。在這個乏味的世上，人們真的有幸福可言嗎？

在這種沉重的壓力下，會讓人無法期待服務業的成長。所謂的服務業，就是在不重視的地方發現商機的產業，再這樣下去，就不會再有任何人想奢侈了。

讓人過得富裕是不被容許的嗎？關於這點，我倒希望這個社會能夠變成跟美國一樣，認同努力獲得成功的人有權過著富裕的生活。如此一來，金錢才會靈活運轉。所謂服務業，就是由人去服務他人的行為，進而互相擁有「幸福感」，這才稱得上服務，同時也才能稱為的很棒的產業。

改變太突然，日本企業衰竭

在福岡工作時最頭痛的，就是在借貸資金期間，必須面對償還相當金額的還款日。在其還款日之前可以不用歸還借款。如果需要三十年的長期資金，首先以十年為一個期限來轉換貸款，是理所當然的借貸規則。

但這項規則卻突然改變了，現在如果轉換貸款，就得更換當初的約定內容。如果十年內無法還清的話，就會被分類到「需留意對象」。對於需留意對象的企業，金融機關也會要求抵押相關物件，企業的立場因此變得更艱鉅了。這項規則的變更是否正確，讓人不禁相當懷疑。

一棟建築物是以二十五年折舊來計算，如果以折舊費來清償貸款的話，折舊費用就等於需要償還的費用。因此若是規定得在十年內完全還清，這怎麼看都不合理，這種價值判斷的基準太奇怪了。

的確，目前為止公司每年都會有七十八億的虧損，如果每年不添加四十億到五十億的新資金就無法持續下去，即使被評定為不良公司也只能默默承受吧。不過這在地價上漲時代是絕對會被允許的。

如今，這種方式無法通用了。因此，會計年度時，大家都非常努力改善；再加上冊需追加新資金，便可填滿折舊費，就會出現營業利益了，當然利息也是全額支付。然而，這些公司卻被視為需留意對象，這實在是非常奇妙的一件事。

根據以往的商事法，總公司不得干涉分公司的經營內容，因此分公司多少能按照自己的方針來自立。日本憲法也明文規定，雖然是親子關係，但必須尊重個人意願。所以法律上並沒有要求父債子還這種義務。

但是，現在卻變成了親子一體的連結決算，這也是突如其來地改變規則。

如果總公司採取一切相同的管理方針，光是為了回答來自總公司的繁瑣詢問，就佔去所有的時間。假使只能完全配合總公司的基準來做事，會演變成分公司只要不同於總公司的形態就無法存活了。在現今的社會，分公司不管再怎麼努力，只要總公司在衡量得失時，不是將之處理掉就是裁員。這樣下去，日本社會真會落得永無翻身之地。

在處理不良債權時也是相當重要。但不良債權的基準可說是全無方法。分成二十五年來償還的投資，居然被當成不良債權來處理，意思是說大家可以不用進行大規模的建設了。再這樣下去，全日本的企業都不得不被處理掉。

即使像是大榮集團，也賣掉了夏威夷的 ALA MOANA 購物中心和 LAWSON 等分公司。但是，這兩間企業都有利潤可言，若不是以「不能大過有利息負債」做為基準的話，不賣掉應該會為企業集團整體帶來更多的利益。

福岡的事業也是一樣，絕對不會讓大榮集團在資金運轉方面有任何困擾。但是，如果是在連結有利息負債情況較多時被賣掉的話，就只能說相當遺憾了。

為企業打拚的員工最重要

幾乎每間公司都會說要好好重視員工。但事實上，卻看到不少經營者只顧著關心重視自己的事而已。

我曾有好幾次被其它公司挖角，對方提出比現在更高的薪資勸誘我跳槽。但不管再來幾次這種挖角我都不會心動，為什麼？因為我已經和員工建立深厚的情誼，任憑誰都無法動搖。

不過，要是被員工認為「不需要你」，辭職就變成應該要做的事。因為繼續待在員工不需要自己的公司，就只剩下不幸了。

對公司而言，最重要的是什麼？

我平常就表示，最重要的是員工、第二順位是廠商，第三名則是顧客。

如果沒得到員工的理解，就不可能提供給顧客好的服務。「顧客至上主義」這種標語，只不過是空喊口號罷了。

現在，顧客的價值觀相當多元化。其中，也會有人說出不可理喻的話，例如「我一個月會來你們店裡十次以上，還挺中意這裡的女性員工，可以讓我帶出場嗎？」假使有這種要求，顧客至上主義的店家，應該就會說「好的，請吧。」因為若真的是顧客至上主義的話，不這樣回答，不就是在拆自己的台嗎？所以這種事根本不合理。

換個角度來看，最近相當流行公司到底屬於誰的這個話題。公司既然是員工所屬、同時也是地方社區的東西，就並非只屬於經營者本身而已。我不知已寫過多少次的「永續經營」，就是公司為了達成最大目的所採取的最大手段。

為此，員工的士氣、以及想不斷貢獻的這份心意才是最重要的要素。若是失去了這些，即使目前公司的利益提升，但總有一天會無法再經營下去。

現在日本的系統，經常過分注重形式上的公司存在，卻無視於個人的意志。不論是商事法、連結會計、時價會計，這些近年來變更的系統，都讓個人立場倍感艱辛。

為了員工、廠商，以及地方發展而讓公司永續經營的話，我認為這應該才是企業家基本的精神。若是被景氣的好壞而左右，導致喪失了這項原則的話，是會使人非常心寒的。如果能夠好好認清這點，我確信公司一定能夠重燃生機，創造出豐厚的利潤。

為了迎接「早期發現癌症」的好運

人不管如何努力，有時就是會被運氣左右。不過，只要自己拚命地努力生活，一到緊要關頭時幸運之神自然就會降臨——我一向都是抱著這種想法。

長久以來，我都未曾接受過健康檢查。因為若是檢查結果發現某些問題的話，不就得開刀或是定期到醫院報到嗎？我覺得這種時間相當浪費。所以總是抱著如果身體不舒服時再去看醫生不就好了，假如天命已到，那就到此結束吧，不想太多。

後來我之所以會接受癌症的檢查，是因為秋田縣的寺田典城縣長的一通電話。

他說：「我們這裡引進了PET這種最新儀器，想請高塚先生來接受檢查。」所謂的PET，似乎是能夠檢查出癌症等症狀的最新檢查機器。如果只有我一個人的話就會婉拒，但連平常很照顧我的藤原正紀先生（岩手縣賽馬振興公社理事長）也要一同前去，這就很難拒絕，於是兩人便一起出發到秋田。

抵達秋田後，一問到檢查費用就有氣。雖然本來就被告知需花費十萬日圓以上，這麼高額的檢查費用還是讓我不禁心想「這簡直是詐欺嘛」，但既然特地來到這裡，就只好乖乖接受檢查了。

原本自認為身體相當健康，但一檢查後卻發現「三個地方有問題」，也做了CT掃瞄。當檢查結果送到我在福岡平常看診的黑田雄志醫生手上時，黑田醫生對我說「最好馬上檢查一下」，但我還是遲遲沒去檢查，一直到出差到東京的行程取消時，才到福岡的有田正秀醫生那裡接受檢查。

結果，我發現我得了癌症，接下來就決定在三月份開刀，住院三個星期，包括手術前一個星期、以及手術後兩個星期。

因為我的情況是早期發現，所以不需要特別擔心。但在手術前我已經做好心理準備，如果萬一真的不行就放棄吧。

「人生會為努力的人搭起一座『運氣』的橋樑。」

手術的前一天，我抱著「盡人事聽天命」的心態，留給妻子這句話，聽說她看完之後似乎哭了。

幸好手術非常成功。出院以後，便如同往常一樣繼續工作。這次能夠早期發現癌症，是在幾個偶然重疊下產生的，像是寺田縣長的邀請、以及與藤原先生一起到秋田，還有得到許多值得信賴的醫生幫忙，讓我再次感謝人與人之間的互動，深深地珍視這份重要性。同時，我也由衷感謝自己能夠搭起一座「運氣」的橋樑，今後，我也將一直抱持著這股感謝的心情，繼續努力地活下去。

尾聲

我現在人在韓國的釜山執筆。

來到釜山，是為了考察釜山羅德巨人隊是不是有可能與大榮鷹的二軍球隊在釜山舉行球賽，或者是在釜山舉行職棒球賽。

最近我常聽到許多經營者說這樣的話：「都沒有目標了。真懷念創業的時期。」

真的是沒有了目標了嗎？是不是因為「目的」與「手段」的認知不對才會出現瓶頸的？

為了達到成功，「手段」可能是有形的東西、或是金錢，這是可以確定的，但是如果在不知不覺中讓這些「手段」也變成了「目標」的話，那些慾望將是無止盡的，是不是也只會讓經營者覺得遇到無法突破的狀況吧？

雖然我被任命為職棒球隊福岡大榮鷹的社長，但是我透過棒球想要達成許多方向的「目的」。例如希望觀看球賽的人數達到三百萬人、於國外舉行正式球賽等——看看棒球能為社會做多少事也是我想挑戰的。

最近我正在教育平常不太被重視的二軍選手，「目的」就是希望把他們當做另一個賣點。所謂的「手段」就是讓他們與一軍一樣在同樣的球場比賽，挑戰讓二軍球賽有機會讓福岡巨蛋客滿。

在太平洋聯盟，據說連看一軍球賽的人也越來越少。所以不是用賣給觀眾門票的「手段」，而是以「請大家一起來栽培二軍的選手」為「目的」將票賣出去的。而且還要傳達「觀眾來看二軍選手的球賽，這對他們來說就是最好的訓練」這樣的訊息。

結果這樣門票賣了十萬張以上，當天也有四萬六千人實際到球場觀看。這是包括一軍的正式球賽中，入場觀看人數最多的一場。這樣作的的「目的」不是在販賣票，而是為了訓練球員。翌年，為了讓更多人來看二軍的球賽，我們挑戰球賽的現場直播。

很幸運的是RKB每日放送電視台的製作人岩熊正道，對於這樣的挑戰也表示同意，所以可以實現現場直播的想法。當然，這一次的播出可能會對電視台來說造成一些困擾跟風險，如果福岡的大榮鷹在第一局就被打點的得到許多分的話，觀眾一定是馬上轉台的。收視率一下降的話，節目製作人是要負責的。

為了不在一開始就被得分太多，我跟很重視投手的二軍教練森　浩司說，讓王牌投手山村路直選手在一開始就當先發。雖然，很可惜的是山村選手因為肩膀受傷所以無法登場，但是表示教練也非常認同我的想法。幸好，我們的投手把對方球隊掌握在手中，打擊方面也有很突出的表現，結果我們很幸運地獲得大勝利，這比任何事情都要開心。而且，就算是有人氣球團的巨人戰，在福岡的收視率也不會超過四％，但這一天球賽轉播的收視率竟然有五・一％。

我確信這二軍戰的成果絕非偶然。因為定了很明確的目標、並且向那目標去努力，必然有好的結果發生。

我想「人生一定會為努力的人，搭起一座『運氣』的橋樑」，這是我歷經許多的挑戰，深刻感覺到的。

營業額比去年多了多少?或是獲利多少光是這樣不算是目標。如果只是在數字上「與前一年比」，光想要如何擴大，是不是會失去一些更重要的東西?

要讓公司轉虧為盈，重要的是「手段」而不是「目的」。如果因為瓶頸造成今天的無力感，就不應該繼續在過去事物的延長線上考量事情。

總之，經營者就是要很堅定的設定好目標;而且要很清楚地知道「為什麼」要有這個目標，也要確信一定可以實現。我常常想著為了「接收未來的禮物」，所以與員工們一起努力，我想這個想法就是轉虧為盈的最高「手段」吧。

二〇〇三年八月　高塚猛

希代高寶集團

Rich致富館

編號	書　　名	作　者	譯 者	內　　容	頁數	定價
001	雞尾酒投資術	鄭嘉琳、涂明正		唯一能讓你在不景氣中，繼續致富的理財必勝法	256	199
002	我很有錢，你可以學	劉憶如		從名人的生活觀念啟發，引領風騷的獨門賺錢術	256	188
003	別跟錢打架	馬度芸		回歸理性，了解個性，才能創造財富	240	158
004	富爸爸，窮爸爸	楊軍、楊明		雄踞「紐約時報」暢銷書排行榜，第一名寶座數月歷久不墜	256	250
005	錢進中國股市60秒	林宜蓁、彭思丹		全球化時代來臨的兩岸境外投資賺錢寶典	480	295
006	經濟蕭條中7年賺到15,000,000	柏寶・薛佛	張淑惠	不被這本書激勵的人，現在和未來永遠都是窮人	320	279
007	星座打造金星帝國	鄭嘉琳		有史以來最具財經專業的占星書	192	180
008	富爸爸，有錢有理	羅勃特・T・清崎 莎朗・L・萊希特	龍　秀	為你解釋神奇的現金流現象，帶領你走向致富成功大道	336	280
009	富爸爸華人版－錢滾滾來	劉憶如		為你揭開全球華人成功傳奇	208	188
010	成功的14堂必修課	林偉賢		將世界將大師的成功課程帶回家	256	250
011	我11歲，就很有錢	柏寶・薛佛	管中琪	致富理財觀念小學培養紀實	240	229
012	富爸爸， 提早享受財富①	羅勃特・T・清崎 莎朗・L・萊希特	王麗潔 朱雲、朱鷹	享受財富必須立刻行動	272	250
013	富爸爸， 提早享受財富②	羅勃特・T・清崎 莎朗・L・萊希特	王麗潔 朱雲、朱鷹	窮人和中產階級所不知道的富人世界	340	280
014	不看老闆臉色，賺更多	陳明麗		時機歹歹，自己創業才有錢途	240	218
015	開小店賺大錢	超級理財網		不管店面有幾坪，本書教你最高明的開店吸金術	256	218
016	除了娛樂，還可以海賺一票	劉憶如		你相信嗎？看電影竟然也可以賺大錢！	176	180
017	富爸爸，徹底入門	Smart智富月刊		一本Step by step的致富理財操作入門書	144	180
018	富爸爸，致富捷徑	柏樺、任傲霜		富爸爸和全球各大企業家的12條成功捷徑	272	260
019	富爸爸，素質教育	柏樺、任傲霜		從小培養智慧，長大就能致富	272	260
020	富爸爸，FQ培訓	柏樺、任傲霜		擁有了FQ財經智商，讓我成為金錢的真正主人	272	260
021	富爸爸，財富無限擴充	柏樺、任傲霜		只有學會富爸爸成功的祕密，才能真正掌握財富	224	180
022	讓孩子做財富的主人	鄭嘉琳		提早學理財，每個贏在起跑點的都是明日小富翁	224	180
023	剝開遊戲橘子	朱淑娟		看31歲的CEO劉柏園怎樣玩出線上遊戲奇蹟	256	250
024	富爸爸，富小孩①		王麗潔	如何讓你的孩子在30歲就退休而不是被淘汰	208	230
025	富爸爸，富小孩②		王麗潔	羅首度公開「學習贏配方」「職業贏配方」「財務贏配方」的致富公式學習理財不為功利，是為了找尋幸福人生	208	230
026	學校沒有教的事		林偉賢	9個實踐成功致富的方式，21個行動步驟，12個賺錢法則	256	250
027	富爸爸，致富破解174	富揚客		坊間第一本功能最強、速度最快、畫面最親和的富爸爸圖文攻略本	192	230
028	趁年輕，做富豪 I	祝春亭		據統計約有八成的億萬富翁出身貧寒	224	220
029	登上名人的財富階梯	辛澎祥、陳安婷		2002年結合理財專家與頂尖人物的致富寶典	224	220
030	開小店賺大錢II	文字工廠		用少少的資本，賺大大的利潤	240	220

編號	書　名	作　者	譯 者	內　容	頁數	定價
031	魔法成家書	Smart 智富月刊編輯部		教你成家致富的真實案例	160	180
032	趁年輕做富豪 II	祝春亭		24 位富豪教你賺取第一桶金	224	220
033	低利率時代的高賺錢智慧	劉憶如		名女人的理財策略首度公開，你必須重新排列「財商染色體」	176	180
034	食字路口，賺錢賺翻了	文字工廠		70%以上成功率，輕鬆變身最富有的美食專家	240	220
035	與中國頂尖企業對話	田本富		他們都是經由美國《富比士》雜誌評選，排名中國前 100 名的大富豪	304	220
036	成果式領導的第一本書	大衛・奧利奇	唐明曦	這是一本工具書，教你如何看起來像成功的領導者	256	260
037	經濟大預言	羅勃特・T・清崎 莎朗・L・萊希特	李威中	它將賦予你堅定的信念，你也可以有一個更加光明燦爛的財務未來	400	350
038	財富執行力	羅勃特・T・清崎 莎朗・L・萊希特	李威中	富爸爸的槓桿原理讓你迅速獲得財富以致年輕富有退休	448	350
039	新全球領導人	曼儒・凱特・維瑞斯 伊莉莎白・佛羅倫・崔西		全球MBA 課程必須研究的三位企業家迴異獨特的領導風，成功地扮演了現代全球化企業最重要的三個典型角色	272	280
040	上海KNOWHOW 在上海買房子	張永河		未來五年的上海無限商機，等著你來發掘	256	280
041	無疆界領導	彼得杜拉克基金會	柯雅琪	彼得杜拉克、暨聖吉、柯維等 23 位大師談未來管理策略	368	350
042	鄭弘儀教你投資致富	鄭弘儀		教你每年投資獲利 20%，17 年賺進一億元。	288	288
043	21 世紀卓越領導人	特羅普納斯 漢普頓透納		新世紀領導成功的 21 位領導人，包括麥可・戴爾（DELL 電腦）、施振榮(宏碁電腦)、理察、布朗森(Virgin維京集團)等。	544	390
044	雅帝奇蹟—德國 ALDI 超商的簡單經營哲學	迪特・布朗德斯	顏徽玲	除了 LOCATION 之外，你一定要知道的連鎖超商簡單經營秘訣！	224	288
045	上海就業Knowhow	張永河		中國十三億人口市場商機，上海可作?跳板，相信這是一場長期投資的耐力賽的起跑點。	208	198
047	拚現金—— 阮慕驊給你投資訣竅	阮慕驊		顛覆金錢腦袋、發現未來趨勢、提升個人競爭力、透析投資工具，給你最切合實際的理財計劃。	256	260
048	七秒半抓住顧客口袋	沃爾夫崗・容查	黃秀如	二十個讓顧客備感尊榮的方法，讓你在黃金的七秒半裡，緊緊地抓住顧客的口袋。	128	180
049	24 個胡蘿蔔管理	艾德里安・高斯蒂克 切斯特・埃爾頓	徐　健	本書以胡蘿蔔為喻，強調獎賞與激勵機制在公司的管理運作上的重要性。	160	220
050	顧客要買什麼？—— 就是比別人好的頂級服務	喬・卡勒威	栗筱嵐	顛覆品牌 NO.1 迷思創造企業與顧客雙贏的品牌經營，教你從一堆爛蘋果中脫穎而出。	160	260
051	賺到三十年：高凌風再造顛峰的金鑰匙	高凌風		生命就是創造一連串的故事，高凌風從演藝工作開始，30 年的人生體驗，花 90 分鐘看這本書，你可以少拚三十年。	256	250
052	她是如何辦到的？—成功自信女人私房書	瑪嘉蓮・漢森 ・雪維茲	鄭永生	期望看過這本《她是如何辦到的？自信女人私房書》之後，妳也會成為一位如同作者一般的自信成功女人。	432	350
053	夏韻芬女人私房理財書	夏韻芬		這本女人私房理財書，從改變女人的觀念開始，教女人們從理財和消費的觀念中，打造富足的口袋，創造美麗人生。	272	288
054	孟洛管理	LorraineMonroe	歐倪君	《孟洛管理》是一套簡單又基礎的課程，它可以幫助所有的教員、行政主管和商業領袖，讓他們成為一個真正傑出的老闆。	272	260
055	新工作觀Magic Words	柯明斯基 & 佩妮	王欣欣	作者以自身及朋友在職場上的深刻教訓，化做 Magic Words，幫助讀者能在工作時如魚得水，輕鬆應對職場大小事。	176	240
056	胡蘿蔔管理策略	艾德里安・高斯蒂克 & 切斯特・埃爾頓	于冬妮	員工們真正需要的不是優渥的薪水跟福利，而是「胡蘿蔔」，這個最有力的公司「胡蘿蔔策略」就是讓員工獲得公司的褒獎。	160	220
057	顛覆你的行銷腦袋	陳維農		對於正在改變的現狀，我們需要的是接觸；運用最少的資本正中市場紅心，專注於利潤最豐厚的部分。	144	200
058	恭喜你當上主管了	陳振平		你不必當了主管才開始學當主管。本書教你如何面對主管這角色變換，更告訴你如何當個稱職的好主管。	256	250

請沿虛線剪下裝訂寄回，謝謝！

高富國際文化有限公司 讀者回函卡

爲提升服務品質，煩請您填寫下列資料：

1.您購買的書名：我把赤字變盈餘了

2.您的姓名：＿＿＿＿＿＿ 您的年齡：＿＿歲 您的性別：□男 □女

3.您的e-mail：＿＿＿＿＿＿＿＿＿＿＿＿＿＿＿＿

4.您的地址：＿＿＿＿＿＿＿＿＿＿＿＿＿＿＿＿

5.您的學歷：

□國中及以下 □高中 □專科學院 □大學 □研究所及以上

6.您的職業：

□製造業 □銷售業 □金融業 □資訊業 □學生 □大衆傳播
□自由業 □服務業 □軍警 □公務員 □教職 □其他

7.您從何得知本書消息：

□書店 □報紙廣告 □雜誌廣告 □廣告DM □廣播
□電視 □親友、老師推薦 □其他

8.您對本書的評價：（請填代號1.非常滿意2.滿意3.偏低4.再改進）

書名＿＿ 封面設計＿＿ 版面編排＿＿ 內容＿＿ 文／譯筆＿＿
價格＿＿

9.讀完本書後您覺得：

□很有收穫 □有收穫 □收穫不多 □沒收穫

10.您會推薦本書給朋友嗎？

□會 □不會，為什麼＿＿＿＿＿＿＿＿＿＿＿＿＿＿＿＿

11.您對編者的建議：

請沿虛線剪下裝訂寄回，謝謝！

廣告回郵
北區郵政管理局登記證
北台字12548號
免貼郵票

Rich致富

高富國際文化股份有限公司

地址：台北市114內湖區新明路174巷15號10樓
電話：(02) 2791-1197
網址：www.sitak.com.tw

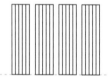

我把赤字變盈餘了——
讓企業反敗為勝的五大心法

高寶國際集團　品質保證